你的人生只有工作吗？

[美] 拉马尔·史密斯（Lamar Smith） 泰宓·科林（Tammy Kling）著 王国平 译

THERE'S MORE TO LIFE THAN THE CORNER OFFICE

人 民 邮 电 出 版 社
北 京

Lamar Smith and Tammy Kling

There's More to Life Than the Corner Office

978-0-07-160930-2

本书谨献给深知造福他人者人生才更加充实的人生旅伴。

特别要献给我的妻子简，她以女性的力量激发我发掘出自己生命的精彩。

个人选择的转折点

不出几百年，从长远角度写我们这个时代的历史，史学家们眼中的大事或许不是技术、不是互联网，也不是电子商务。人类的生存状况发生了史无前例的变革。相当一部分人头一遭真正有了自己的选择，头一遭要自己做主，而且这一数字还在迅速成长。这是当今社会始料不及的。

——彼得·德鲁克（Peter Drucker）

序

但凡美国的大企业，都有一间令人向往的办公室。这间位于楼层一隅的办公室，窗明、僻静、视野开阔，最为理想不过，往往为最高管理人员所有，这间办公室常常被称作角落办公室（corner office）。现如今，拥有角落办公室俨然成了业绩出色和成功的象征。这是一间世人争相拥有，能决定他人命运，做出影响整个家族、股东，乃至各行各业的重大决策的办公室。这间办公室——CEO（译注：首席执行官）办公室，我坐了多年。不论是哪一行哪一业，都有一个代表成功的最高境界、业绩的标杆、彩虹尽头的那一桶金的角落办公室。就好比是奥运会的金牌、美国橄榄球超级杯赛的戒指、拳击赛的冠军和电影业的奥斯卡。

这一追求始于我们小的时候，被得到课堂上老师的小金星这一渴望推波助澜。等我们长大了，又习惯于获得和追求更大的金星，于是乎，我们的生活失去了平衡，迷失了方向。身为一家大金融企业的CEO，我生活的中心无外乎掌上电脑、管理

几千号人的繁忙日程和兼顾企业的方方面面。从客户到现场人员，再到雇员、监管方、媒体，乃至整个社会，做到别人始终满意是根本不可能的。每天都好似仓鼠转笼转过的一轮，常常没工夫反省人生的其他方面。

我时常想起一位同行和朋友写的信，他也是一位CEO，在别人的眼里，他可谓功成名就，到头来却毁了身体、妻离子散。退休后，他又耗尽了钱财。随后，他写了份遗言，交代了自己的后事，交给好友后，自杀了。他的信堪称为几十年来走错了路和生活全然失衡辩白的一篇经典之作。朋友身后留下了许多人生憾事。这样的憾事，你有吗？我会有吗？这全在于我们自己的选择。我们能保证死而无憾吗？倘若如此，我们又怎样兑现自己的诺言？这些年来，这一问题一直萦绕在我的心头。这则故事其实就是一个答案，同时旨在给大家一些助益。

你是尽情地享受生活，每天都快快乐乐，充满自信呢，还是像只转笼里的老鼠，仅仅是为了追名逐利呢？你是不是常说“我可不能这样了”，继而又依然故我呢？仅仅做一名人生之旅乘客的人比比皆是。任由工作、琐事和人情世故来来去去，从不主动去想一想，或者盘算接下来会发生什么。本书旨在让你离开乘客席，做一个主宰自己人生的领航员。

本书并不是要你降低自己的追求，而是要你实现自己的理想，同时保持身、智、情、财和心五个重要方面的协调划一。总的来说，这是一本有借鉴意义的书，告诉你通过认清自身的内在价值，建立一个把握自己人生的架构。本书还举例说明了真实地自我评价是有威胁的，如何认清这些威胁，以及如何消除这些威胁等。最后，本书中一些浅显的故事将为你揭示怎样才能过上有意义、幸福和快乐的生活。这个要求是不是过高了？不错，但未必不可行，我可以教你，那么，来吧。

一

我登上五点钟飞往波士顿的航班，跟着长长的一队旅客，拥向飞机的后部。我错过了升级到头等舱的机会，穿过座舱的时候，只见升级名单上刚好排在我前面、并抢到最后一个座位的家伙，他正就着盘子吃一杯烤胡桃。

今天怎么就这么倒霉？

我的座位靠洗手间，挤在窗户一侧的角落里，正被一名上了年纪、穿着身皱巴巴的衬衫和卡其布裤子的男子占着。

“我是 27A 座。”我指着自己的登机牌，没好气地说。然后抬手将包塞进座位上方的行李架，站在一旁等着。

他轻轻一笑。“对不住。”说着，他趾溜一下离开了座位，站在过道里让我过去。“我累坏了，想在路上睡会儿。”

我落了座，扭头呆呆地望着舷窗外。那人回到过道一侧舒适一些的座位坐了下来。等飞机退出登机口起飞的时候，我才明白过来，要不是这么急躁，我本可以和他换一下，坐在他的座位上的。风度，我心想，今天什么都不顺。

这次出差要从那个无礼的出租汽车公司的员工说起。车子全都租出去了，最后轮到我的是一辆小型汽车，不是我通常租的高档车。我和柜台后的那女人辩了几句，还拍出了我的贵宾卡，但根本不管用。等我赶到会面的地点，CEO 已经出去了。接替他的那个低能儿同事简直就是个白痴，他搞不懂什么是增殖和投资银行学，连保密协议都不肯签。原计划与新客户在亚迪尼埃大酒店共进的庆祝宴泡了汤，两手空空，早早地打道回了府。我不知道怎么向我的老板约翰·卡特交差。这简直是枉费了我的一番功夫。

一位披着一头红褐色垂肩长发的空姐从过道里走了过来，“您要点什么？”

我扫了眼她背心上的金色胸卡。“布利坦妮，”我说，“来一杯伏特加汤力（译注：一种以伏特加为原料的鸡尾酒），一杯酸橙汁。”

“好的。”那位上了年纪的男子这会儿睡得正酣，她俯身在他的托盘里放了条餐巾。

没一会儿工夫，她就给我端来了汤力水（译注：一种略有苦味的汽水）、一小瓶伏特加、一袋椒盐饼干。我注意到她脖子上垂着一个金十字架。“您还要点什么？”

我边开伏特加的封口边说：“暂时不用了。”

“您身上的这身西服真帅。”她说。

“谢谢。这是牛津款。”

“是吗？我一看就知道这件衣服很贵重。您是出差吗？”

“正是。我是名投行经理。这条航线我飞过上百万英里。”

坐在过道一侧的男子睁开眼睛，要了杯可乐。

“我这就给你送来。”她说。

我呷了一口伏特加，只觉得喉咙里火烧火燎的。“布利坦妮，我还有个请求。”我从西服口袋里抽出了一张名片，递给了她。她仔细看了看刻在名片正面上的几个金字：“投行经理”。“有空给我个电话，”我说，“我请你吃饭。”

她微微一笑，将名片塞进了口袋。她刚一转身，邻座的那家伙就吃吃地笑了起来。

“什么事这么好笑？”

“她左手上有一个大钻石戒指。”他咧着嘴说。

“我看到了。”

“你看到了？看到了你还约她出来？”

“公主方形切割，两个狭长型宝石。”

“总之你是赌上了一把。回报肯定相当不错吧。”

“这不过是增加点乐趣罢了。”

他咂了口可乐。“嗯，我知道。你喜欢追女孩子。”

“人生不就是这么回事儿吗？追来追去。”

那家伙笑了笑，又靠回了座位上。“我从前也这么想。”

从前，准是很久以前了吧，我心想。

我拿出笔记本电脑，又看了一遍这次的会谈记录。下个月我也许能把这笔业务给挽回来。给客户一些时间，再回访一次，但这次我要做足准备。等回到办公室，我要再发一份保密协议，针对我们提出的价格，给客户一些更加详细的资料。我要做的是绕过守门人，直奔真正的决策者。

“你是回家，还是出门？”过道一侧的那家伙问。

“我就住在波士顿。”我答道。

“什么地方？”

我就着小酒瓶，喝干了仅剩的一口伏特加。他这段闲扯惹得我有些不爽。“堪布里奇，靠近麻省理工学院。您住哪儿？”

“我住在一座小镇子上，叫马布尔黑德，”他说，“你是不是出差？从你的衣着上看，我推断你是。”

哟嗬，这个老家伙莫不是成了精吧。我想问他，你是从哪一点看出来的？

“我是名投行经理。这次是去旧金山见雷格西科技公司的CEO，但临到最后一刻，他变了卦，派了个不顶事儿的家伙出来。我的助手没办好航班舱位升级，我只好挤在后排。”我还想要一瓶伏特加。“这种座位简直让人的背受罪死了。”

“我能够理解，”说着，他向我伸过手来，“我叫艾尔。”

我忙接过来握了握。“帕特里克·米歇尔。”

“这么说你在金融界喽。你怎么入了这一行？”

我迟疑了片刻，两眼转向了窗外。“多接业务，多挣钱。这不是人之常情吗？”

我向另一位从我身边经过的空姐要了一瓶酒。她端来两瓶伏特加，只收了一瓶的钱。

“不，不全是这么回事儿。”那家伙答道。

“您能不能说得明白点？”

“我认为大多数人并不是为了多挣钱而工作。特别是随着时间的流逝，我相信人们还有另一层考虑。”

他是和我说笑话吧。他当真这么想?

“算了吧，除非您为非营利性机构工作，或者是个活动家，那是他们的工作意义。挣钱，才是人生的游戏规则。”

“有意思。”他说。

“你不认同？”

“喔，我可没这么说。不过请你给我说说，你挣钱的目的是什么？你怎么花这笔钱？”

我决定换个话题。他问得我有些招架不住了。“您大概退休了吧？”

“没有，”他大笑起来，“还没完全退休。”

我向窗外望去，窗外云卷云舒，蒙上了一抹梦幻般的粉红。我往后一靠，闭上了眼睛。这家伙老了，显然和我不是一路人。

飞行员发布广播的时候，我才发现自己打了一路的瞌睡。飞机 30 分钟内就要着陆。我回想起汉娜执意要来洛根机场接

我的日子。汉娜很快就要成为我的前妻了。以往不管飞机有多晚，她都会赶来，呆在路边等我。有个寒风瑟瑟的夜晚，她甚至穿着睡衣和拖鞋，迷迷糊糊地站在车子后面。我扭头看了看座位，过道一侧的那家伙还在呼呼大睡。我拽了拽他的衣袖。他睁开眼睛，好似忘了自己身在何处，慢慢地回过神来。

“我要去一下洗手间。”我说。

他起身给我让行。我从卫生间返回来的时候，他还站在过道上等我。“你带名片了吗？”他问。

“不知道身上还有没有。”说着，我拍了拍口袋。记得有位顾问曾给我们团队说过，名片是财富，要看人发名片。我不喜欢见人就递名片。末了，我还是妥协了，从西服的胸袋里掏出了一张。这当口，一位年龄稍长一些的空姐走了过来，拍了拍过道一侧那家伙的胳膊肘。“您真体谅人，将头等舱的座位让给了那位士兵。”

“不客气，”他对她说，“他前面的路还长着呢。”

听着他俩的对话，我一时不敢相信自己的耳朵。我心想：这家伙疯了还是怎么的，他竟然将六个小时夜航航班的头等座让给了别人？

我闭上眼睛，想尽量睡上一觉，可我还没睡着，飞机就已经着陆，开始下客了。我抓起公文包，走向飞机的前部。经过头等舱的时候，只见一位身穿军装的男子还坐在座位上等着。他一条腿的大部分没有了，裤管掖在大腿下面，在舷梯旁，正等着一名推着轮椅的护工。

在人行道上，我又认出了过道一侧座位上的那家伙，这一次，他和一名私人司机站在一辆黑色林肯轿车旁。我吃了一惊，司机一身深色西服，拖着他的行李，放进了汽车的后备箱。艾尔又折回了机场，我这才走向这辆豪华轿车，瞄了一眼司机，然后又打量了一番车子。“您是来接艾尔的？”

“是啊，”他说，“您认识克拉夫顿先生？我是他的私人司机。”

“克拉夫顿先生，呃，是的。”我撒了个谎。我真不认识他，但他的名字好像有点耳熟。我将这个名字在脑子里过了一遍。

“艾尔·克拉夫顿！您不是和我开玩笑吧，他是卡斯尔投资有限公司的董事长艾尔·克拉夫顿？《商业人生》封面人物艾尔·克拉夫顿？”

“正是他，这么说您认识他。”

我的手不住地发抖，公文包在两只手中不停地换来换去。

“我和他在飞机上是邻座，我们聊了几句，但我真没认出是他。他看起来太……太……”

“太普通了是吧？”

“嗯，他衣服皱巴巴的，什么东西都很平常，我还当……”

“他这次是去办件私事，”司机说，“去帮一位已故朋友的儿子。他朋友的儿子遇到了点麻烦，艾尔大概一整天都和这一家人在一起，没工夫换。”司机笑了。“他得赶回来参加明天的一个重要的董事会。”

我点了点头，对自己的蠢行傻了眼。为什么我就没向他讨张名片？

“我跟他 10 年了。”司机自豪地说。

我一时不知所措，呆呆地站在那儿。飞机上的他和普通的老人没有两样。执行官和大人物坐的都是头等舱。这才是达成交易的地方，也是我这样的人拼命要往上爬的原因。几百万美元的大笔业务在来来往往的飞机头等舱里，在苏格兰威士忌上播下了种子。我回头望着终点站的玻璃窗，拼命回想我们说过的每一个字，懊悔我原本不必把事情搞得这么糟。

“人不可貌相啊。”司机意味深长地说。

二

从旧金山回来后的10天里，我一直昏昏沉沉。繁忙的工作中的唯一一次例外是和汉娜通了一次电话。虽说离婚是迟早的事，除了法律上的义务，我们什么都谈到了。

“我们说说离婚协议吧。”我终于说出了口。

“用不着这么急，”她答道，“不是吗？”

那晚是我最近几周来睡得最踏实的一晚。

第二天我跨进办公室，电子邮箱里已经塞了152封电子邮件。从我进门的那一刻起，电话就一直响个没停。一直忙活到中午，我才稍稍喘了口气。我的助手史黛西也没闲着，在紧靠我办公室门外的隔断里处理着没完没了的电话、电子邮件，偶尔还要应付几个气急败坏的顾客。

“他要您接电话。”她说。

“就说我不在。”

“可是……”

“你是没听懂还是怎么？我不在。你没见我今天忙得不可开交吗？”

我有两个客户的电话要回，两笔业务要挽回，还有一个分析报告明天要交。我是这个部门的最高领导，主要是我无牵无挂。没有孩子、没有妻子，连猫都没有一只。我这个团队有四位经理，两位已婚。第三个是位带着几个孩子的离婚女人，这几个孩子忙得她待在家里的时间比待办公室的时间还要多。我看着摆在办公室上的一个小小的警示牌：

最优秀的亚军实则是最大的失败者

“至理名言啊！”我脱口而出。

史黛西出现在我的门口。“今天的午餐安排在港口会所，”她说，“我只是提个醒儿。”

“知道了。”我说，然后挥了挥手把她给打发走了。

港口会所是一个精英云集的地方。在这里，波士顿顶级企业的高层可以从华盛顿内部人士口中打探到下一届国会的席位。我们公司的几位高层要在这家市内独一无二的地方小聚。想进这家会所，你得成为会员，再不就是有人邀请，我们公司是执行委员会的企业会员。我的老板约翰·卡特是公司的一颗明日之星，他这次邀请我在午宴上观摩学习。我认为他这是在鼓励我。

从旧金山飞回来的那晚，我睡了不足一个小时。我从机场开车直奔家门，打开笔记本电脑，又给自己倒了一杯烈酒。坐在温馨舒适的书房里，我“谷歌”出艾尔·克拉夫顿，绞尽脑汁地想着怎样联系上他。

我甚至想过给他发一封电子邮件，但又苦于没有他的邮箱地址。日出之前，我给史黛西发了条信息，要她安排一次会面，想办法研究有关克拉夫顿涉及的一切业务资料。克拉夫顿的公司市值达 50 亿美元，年收入高达 40 亿美元。卡斯尔投资凭借其稳健的规模增长和几次计划缜密的并购，十多年来，一直保持一个高达两位数的增长率。克拉夫顿因非凡的才干，在华尔街人称“巧手艾尔”。

有家商务杂志最近一篇文章报道了艾尔·克拉夫顿这位名列50位美国最具影响的商界人士，大书特书他在金融服务业一系列的并购案中扮演的角色。有人甚至认为，政界人士起草并通过的一项改变这一行业的法规（允许一家公司同时经营金融、投资和保险业务），全是他的功劳！他无疑是一位开拓者。

克拉夫顿是一位备受尊敬的商界领袖人物，人们崇拜的是他的创业策略。他还负责一些非盈利机构，帮助饥民等弱势群体。有一篇文章透露，他在高中时就第一次从商，挨门挨户地推销书籍。

史黛西咬着铅笔头出现在我的办公桌前。

“打扰一下，老板，您要的车就在楼下，等着送您去港口会所。”

“漆里含铅，你还在咬。”

她随手将铅笔插在耳后。“还有，卡特先生一直在催您交

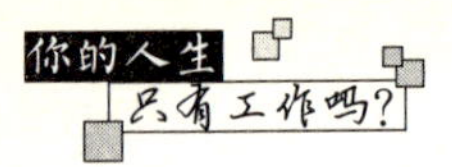

每周的活动报告。”

“什么时候交？”

“昨天下午五点就该交了。”

“我这就写。今天中午我要去港口会所陪他吃饭。”

“他的脾气您是知道的。一回到办公室，这些报告他就要过目。”

“好吧。”我愤愤地说。

“您还有什么需要我做的吗？”她问。

“有。等我走了，你给艾尔·克拉夫顿打个电话，为我们安排一次小小的会晤。如果卡特知道我要见克拉夫顿，他准会给镇住。把报告抛到九霄云外去的。”

“我已经打了两次，老板。可接线员不给转。”

“那就打第三次。”

我目送她出了我的办公室。史黛西漂亮，精通业务，但个性太强，就好像一朵带刺的玫瑰。总体上来说，是她迁就着我。我从来没在她身上动过心思，真不知道是怎么回事儿。几个月前，我在出差的飞机上迷上了一位金发女郎，差不多每个周末都魂不守舍。

约翰·卡特在我们这个部门做过三年的负责人。这位执行副总裁固执、暴躁。他四十过半，有一位妻子，两个孩子，因时常以一个冷笑就让人打包走人闻名，但卡特和我相处甚安。我们两人是互惠互利的关系。我是他的吉星，他是我的学习榜样。他有本事轻松搞定一项业务谈判，不屑片刻工夫就能让客户接受他的观点。不过，一旦你和他对着干，没把工作做好，那你可就要小心了。我亲眼见他炒了一个平时表现出色的员工，就因为一个客户的宴会，他晚到了15分钟。那家伙去参加儿子的足球赛，回来时给堵在了路上，但卡特可管不了那么许多。

只有一次，我惹得他大发雷霆，那次我从语音信箱里足足听了他10分钟的臭骂。如果能安排我和艾尔·克拉夫顿见一次面，也许我能在这条你死我活的食物链上爬上那么一两级。

我抄起西服外套，冲向大厅，直奔电梯。到港口会所只有10分钟的车程，我把这段时间都花在用“黑莓”手机回复电子邮件上了。我下了车，走在人行道上，不禁对这家会所肃然起敬。这座外墙通体玻璃的建筑，犹如一座镜子装成的宝塔，从每一个角度都能看到城市的景象。

我进了大楼，乘电梯直接上了顶楼。会所大厅的内墙饰以暗红色的织物。服务台两侧墙上是镶着描金画框、画着猎犬的老式英格兰风景画，再往里走，是身着昂贵的西服、三五成群地聚在包间里的老年男士。卡特则站在门头牌子上写着我们公司名的包间门口。

“早，帕特里克。”他冲我点了点头。

“早上好，约翰。”

同事们都喊他“老板，”但我大多数时候不说这个词。我认为我俩不相上下，我也想让他明白这一点。

我和他身边的人一一握了手，这几位都是高级主管。在他们中间，我年纪最轻。这时，有人拍了一下我的肩膀。

“你好，帕特里克。我们又见面了。”

我猛一转身，见艾尔·克拉夫顿咧着嘴站在我面前。

他身穿深色西服，玛瑙袖扣的衬衫。“没想到在这儿见到你。”说着，他伸过手，和我紧紧地握了握。我还没回过神来，

他和卡特就相互介绍、握起了手。

克拉夫顿往我手心里塞了张名片。“下周二你有没有空，我请你吃早餐？”他问。

我低头看着名片，一时木然。我张开嘴，但又不知说什么好。

“你做什么来了？”我结结巴巴地说。但话一出口，就全变了味。

“缘分，朋友。你现在该明白了吧。”

“他当然有空去和你共进早餐了。”卡特插了进来。

“噢，我有空。当然。请问在哪儿？”

克拉夫顿转身对卡特说：“您的这位部下是个相当出色的年轻人。”他说：“下星期二再见，帕特里克。详细情况请见名片背面。”

说完，克拉夫顿转身走了。他刚一走，另几个人就像苍蝇一样围了过来。

“你认识艾尔·克拉夫顿？”卡特问我。

“你是在哪儿认识他的？”另一个人问。

卡特采取了主动，把我带到了大厅的一角，为的是和我单独谈谈。

“如果你能博得艾尔·克拉夫顿的好感，这对我们公司，对你对我都是一件大事。有不少人都下过功夫，但都空手而归。他从不和我们公司做生意。”我点了点头，只觉得克拉夫顿的名片在我的手心里越来越沉。

“你听着，帕特里克，”卡特盯着我的眼睛说，“你进准赢公司之前，大约有两年的时间内，公司两名最优秀的搭档在波士顿总裁帕特里霞·雷蒙德的亲自指挥下，一心要做成克拉夫顿这笔业务。但最后搞得尴尬收场，三名最优秀的人才甚至连克拉夫顿角落办公室的门都没进去。他们一共采取了六七种不同的手段和策略，但一无所获。最后雷蒙德直接打电话给克拉夫顿，问他为什么不肯见我们。克拉夫顿说我们两家公司的文化不同，真搞不懂他什么意思。”

“还有这事儿？”

“我说的，你都听明白了没有？”

我的大脑一片混乱。在飞机上误会他之后，克拉夫顿为什么还要邀我共进早餐。

“嗯，我知道了。好好把握这次机会。”

“不，还远不止这些。你要出卖自己的灵魂，甚至不惜去

犯罪，你要不惜一切代价！不过，无论你和克拉夫顿说什么都要向我汇报。你明白我的意思吗？”

“明白。”

“没有另行通知以前，别的事你都不用管。你只要盯着克拉夫顿和卡斯尔投资就行了。尽你的一切所能，心中时刻惦记着这件事儿，找到一个突破口！一有进展，不论白天晚上，你要随时向我汇报。听清楚了没有？”

“明白。”卡特要我一字不落地复述一遍他刚才给我的指示。

他走了以后，我呆呆地看着名片的背面，一时难以相信。艾尔·克拉夫顿在背面潦草地写了见面的时间和地点。

星期二早晨 8 点

昆西大街

弗雷德餐厅

三

“你要不惜一切代价……”

我想着克拉夫顿的话，拐上了马萨诸塞大街。缘分（天上不会掉馅饼的），我一时不敢相信自己交了这么好的运，星期一晚上我几乎一夜没合眼，想着这次会面，想着该怎么说。

我将宝马送到了洗车店，为防万一，我将车内彻底清洗了一遍。连细节都不放过，甚至把超级巨星这一商标都仔细地擦拭了一番。我穿了套最好的西服，选了一件浆得很好、带袖扣

的衬衫。克拉夫顿的时间有限，我要留意他的话语，揣摩他的意思，瞅准机会说他爱听的话。

我瞥了眼放在副驾驶座上的文件夹。史黛西花了好几个小时搜集了有关克拉夫顿公司的资料，然后全部打印出来，外加一张打印好的赴宴地图，星期一早上一并交给了我。

我一边开车，一边打量着地图，虽说从周围的环境来看，这张地图有点靠不住，但地点却一目了然。我驱车拐上昆西大街，四个街区过后，只见一块上书弗雷德阳光餐厅的招牌挂在一栋不起眼的砖石结构的建筑入口处。不可能！我在街上找了个地方将车停稳，拨了史黛西的手机。

“请讲？”

“你没有搞错方向吧！”

“您说什么？”

“你搞什么搞？这只是间低级的小酒馆。肯定不是弗雷德咖啡馆。”

“是餐厅。”她纠正我。

“不管叫什么，这家的窗户上甚至钉着胶合板。绝不可能是艾尔·克拉夫顿选来和我见面的地方。我穿件胸口缝着

‘Hank’的工装裤进去还差不多。”

“可我是根据您给的名片上的地址来的呀。”她解释说。

一辆路虎在我前面两个车位的地方停了下来，一名身穿格子呢工作服和牛仔裤的男子跳下车，向大门走去。看模样像是艾尔·克拉夫顿。我一时不敢相信自己的眼睛。

“他来了。我得走了。你别往心里去。”

我跳下宝马，跟着他走了进去，他刚好到隔间门口，我赶上了他。

“帕特里克，你找来了。”他抓住我的手，紧紧地握了握。“你来得很准时啊。”

一位女服务生为他端来了一杯热气腾腾的咖啡。她围着条点缀着名言图案的围裙。她口袋上别的黄色胸针是一个苦笑，而不是一个笑脸。

“谢谢，玛吉。”克拉夫顿说，“你今天真漂亮。”

“呃，可爱的老家伙，”说着，她看着我问：“小伙子，你也来杯咖啡？”

“好的，来杯清咖啡。”

我环顾了一下这家餐馆。这里狭窄、拥挤。我是唯一一个

打着领带在这里用餐的人。“看来您是这儿的常客？”我问他。

“每个星期二都来，”克拉夫顿说，“每个星期二我休息一天，在这附近办点事儿。”他四下里看了看，和相距两个隔间的一名男子相视笑了笑，挥了挥手。“每个星期六的早上也来，通常和我的妻子一起。”

“您大老远地开车到这儿来，不耽误您打高尔夫球吗？”

“那倒是！”他大笑起来，“不过我还真没工夫打高尔夫。”

女服务生给我端来杯咖啡，将菜单放在我面前，又马不停蹄地去招呼另一张桌子。

“这种地方，你大概不常来吧？我猜你喜欢去港口会所。”

我点了点头，“是这样的。”

“我个人认为，那种地方有些沉闷乏味。”克拉夫顿说，“他们请我的话，我却不过情面才会去一下。”

我很想听听“他们”到底是些什么人，但女服务生折了回来，等着我点菜。

“我来份周二特价套餐。荷包蛋，外加全麦吐司。”

她点了点头，转身走了。克拉夫顿没有点。

“你还没成家？”

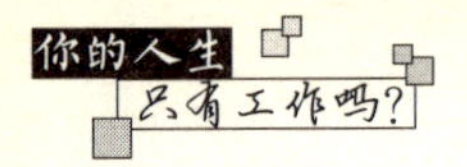

“没有。哦，从理论上来说，我结婚了。我们正式分居差不多有一年光景了。您呢？”

克拉夫顿微微点了点头，说：“下个月就满38年了！”

“您别误会。”对这段失败的婚姻，我不想让人觉得我无动于衷，“她是位好妻子。从我们第一次见面时起，样样都很不错。不过，她一直不想让我太辛苦。我告诉她，等我当上执行副总裁后，我们再要第一个孩子。我估计她有点等不及了。”

克拉夫顿盯着我看了一会儿。“后悔吗？”

“失败者才会后悔，所以我不。我没什么好后悔的。我的确思念她，但我绝不会沉湎于空想。生活不是西部民谣。”

“你想过自己最终要娶妻生子没有？”

我局促不安地在座位上挪了挪。我得把心思放在争取他这笔业务上，但脑海里突然冒出了汉娜的脸庞。她身穿我们在卡波度假时买的白纱裙，站在海滩上开怀大笑。我怎么想起了这个？别忘了你的行动方案，我告诫自己。仔细地听、分析，然后再反馈一些他想听的话。

“说真的，我还没考虑那么多。我不打算失去自己的优势，这一点我很有分寸。”

女服务生折了回来，给我们两人的杯子续了咖啡。

“你知道，娶妻生子、身子发福、有点小毛病并将当初成功的志向抛到脑后的人大有人在。他们一天天变老，结婚，变得慢条斯理。只要稍有松懈，你就会失去斗志。反正这事儿不会发生在我身上。”

克拉夫顿微微一笑，说：“我明白了。这么说，这事儿发生在我身上喽？”

“直说了吧，像您这样的人并不多。我知道我说这话，您会多心。但这事儿显然没有发生在您身上，所以我才斗胆这么说。谁都会老，丧失人生的优势，继而耽于享受。但您不会，我也不会。”我眼光落到了他抱着咖啡杯的手上。这是一双粗大的、布满深深的裂口的手。与其说是CEO的手，倒不如说是做粗活的手。我所认识的CEO，指甲大都修剪得整整齐齐。“您很像商界的塔戈·伍兹（译注：美国著名高尔夫球选手，一般被称为老虎·伍兹）。”我最后说了一句。

克拉夫顿没有做声。

“我最近看了对塔戈的访谈。”我自顾说到，“他说自己比赛的目的不是为了拿第二，他拿的就是第一。”

“你多大了？”克拉夫顿问。

“快30了。”

“我明白了。我64。咱俩相差35岁。除了年龄上的差距，我相信你我没有什么不同，上天给了我很多经历人生磨难的机会。”

“真的吗？”

“还能骗你不成。就凭我长你的这把年纪，我要说，有斗志并没什么错，不过，就算是塔戈，也会有失手的时候。他是一位世界级的选手，获胜是竞技体育的一部分。但在现实世界中，人们共同协作，讲求的是发挥每一个人的优势来赢取胜利。生活和生意并不是打高尔夫，倒更像是团体运动。”

我装作抿了一口咖啡。

“不过，如果你认为为了让你在商场上胜出，别人就该去输，体育这一比喻或许有失偏颇。人人共赢才是上策。这起码是一种尊重。”

女服务生端来了两个盘子，轻轻地放在了我俩的面前。我叠起餐巾，遮住我的领带和衬衫，咬了一口荷包蛋。

“味道还可以吗？”克拉夫顿问了一句，又埋头吃起了自

己的早餐。

这出乎我的意料。因为就算吃早餐的话，我大多在上班的路上吃。

我瞟了一眼手表，觉得我们浪费了太多的时间。我要想办法让他回到正题上来。

“我能换个话题吗？”我问，“有些事儿，我确实很想了解。”

“当然能，帕特里克，你随便问。特别是我们说到令你不快的话题的时候，比如尊重与合作。”

“不，我说的不是这个意思……我听您的。不过在您面前，我还是个孩子。”我说，“我是个个人主义者。可能不懂团队是什么样子的。”

“你只要不逃避责任就行了。”克拉夫顿说。

“这么说，您每个星期二都在这附近工作。您是不是在这儿开发了一个大项目？”

克拉夫顿摇了摇头说：“没有。”

“那您上这儿来做什么？退一步说，这地方也没有多大经济实力。”

“因为我喜欢，而且，我能做。我做的最重要的一件事儿，就是每星期二到这儿来消磨时光。这回你该明白了吧。”

我从身前的一个硬塑料杯里吸了一口水。水喝起来微微有点漂白粉的味道。

“我能再请教您一个问题吗？”

“当然可以，帕特里克。”

“您说‘缘分’的时候，指的是什么？您为什么邀请我和您共进早餐？”

“你想要我先回答哪一个？”他说，“这两个问题是你中有我，我中有你。我请你吃饭，是不相信巧合。”

我睁大眼睛看着他，等着他的下文。

“多年的经验告诉我，我们可以互相学习。到了我这个年纪，有必要将自己的所学举一反三，尤其是历经辛酸后汲取的教训。我想与别人分享。我从事的是投资，但现在投资的不仅仅是金钱。如今，我很愿意在别人身上投资时间。”

我越听越糊涂，但我还是装作听懂了他的话似的，点了点头。

“我来问你同一个问题。”他说，“你希望从这次见面

中得到些什么？你能否敢做敢当、坦率诚实一点？大声地说出来？”

我只觉得脸腾地一热，想必他是在考验我。

“说句实话，克拉夫顿先生，我是名投行经理，您是一位在兼并和收购方面相当活跃和成功的企业的CEO。我想做您这笔业务。”我越说越起劲，“您说我怎样才能做到？”

他两眼来了精神，似乎对我的回答很满意。“我们总算有了一定的进展。”他说，“我喜欢你的真诚。你接着说下去，行吗？你回想一下，从旧金山回来的航班上，第一次见面的时候，你是怎么看我的？顺便提一下，不许说假话。”

“您指的是什么？我不明白这个问题。”

“很简单。第一次见面的时候，你是怎么看我的？”

“我不知道您是谁。我本该认出您来的，但我没有。您穿着随意，裤子还皱巴巴的，不像位CEO。”

克拉夫顿没有搭话，我使出浑身解数不让我们之间冷场。

“那天我又累又乏，垂头丧气。什么都不顺，包括只能坐在经济舱，挤在靠窗户的座位上。”

克拉夫顿伸手从口袋里掏出一些零钱，将一张面额20元的纸币放在桌上。“我来总结一下。”他说，“你心里只想着自己，在你的眼里，我碍手碍脚，显然对你毫无用处，所以你才不把我放在眼里。我礼貌地向你索取名片的时候，你甚至犹豫了一下，考虑要不要给我一张。我说的没错吧？”

我垂下了脑袋，觉得无地自容。事情进展得并不顺利。看来我上公司英雄榜的机会有些渺茫了。

“您说的没错，是这么回事儿。”我老实承认。

克拉夫顿盯着我，往椅背上一靠。

“对不起。”我仍不死心。

“你说说，你是什么时候发现自己错失了一次机会的？”

“我在洛根机场和您的司机聊了几句，然后，根据事实推断出来的。”

“唉，是安东尼。他跟我多年了。他就爱多嘴。”

“我尽一切可能了解了有关您的一些情况，又让助手尽力联系您的员工，希望安排一次小小的拜访。她没有办成。后来我就遇到了您，确切地说，是您在港口会所碰到了我。”

“还有吗？”

“没有了。”我耸了耸肩，问道：“难道还有吗？”

“好，帕特里克，我能不能和你谈谈我所谓的‘经验总结’。”

我点了点头。我急于了解他的理念，了解的越多，我能向卡特汇报的情况也越多。

“如果我们留意去汲取的话，每一次重要的经历都有一两个经验或教训。我们要学会大胆、诚实地去分析，并从中汲取一些能够完善自己的教训。”

他的话让我一时摸不着头脑，可能我也不知道说什么了。

“不加总结的经历不过是罗列，是没有收获的结局。收获来自学习和总结。你想不想听一个活生生的例子？”

“嗯，这兴许能帮助我理解这句话吧。”

“初次见面的时候，你接触的每一个人都或多或少地让你有些失望。他们不过是不‘知道’罢了。汽车租赁公司的员工、你的秘书、你那天见的商人，甚至还有我。我们都曾这样那样地让你失望，你的这种感受不是个秘密。你知道，真情实感往往是不自觉地流露的。”

我没有吭声。

“请你继续真诚地回答我一个问题，帕特里克。我观察到，那天和你打交道的人对你都没有什么价值。我这么说是不是很公正?”

我这会儿有些不太想做他这笔业务了。他怎么能这么评价我?

“帕特里克，成就大事者，敢于自问难以回答的问题、正视真理，哪怕这些真理有些逆耳。我不是要对你评头论足、指指点点。不过是想与你分享自己多年来总结出来的深刻认识。你听着，每一个人都是无价的。你遇到的每一个人都和其他人一样值得你尊敬。没有人‘微不足道’。你我也并不‘举足轻重’。就算是穷困潦倒或身体、智力残疾的人，也还有一技之长。因此，不要瞧不起别人。”

“您认为我从骨子里瞧不起别人?”

“我可没这么说。不过，也许你应该好好想想这一点。同时仔细想想真诚这一问题。”

“真诚?”

“是的，简单地说，就是由表及里，无须虚饰，但完全是同一个道理。”

“行，我会认真考虑的。不过，克拉夫顿先生，我能不能

回到先前问过的一个问题上？”

“当然可以，我都猜得到是哪一个。你怎样才能做成我这笔业务，对不对？”

“不会对您有失敬意吧？我是说对您的业务感兴趣这事儿？”

“哪里哪里！你让我想起了自己年轻的时候。你不用和我客气，帕特里克。和别人做生意之前，我也想了解对方。指不定什么时候，我会给你和贵公司一次机会，让我确信我们可以互惠互利。说句实话，你是准赢公司最有希望改变我观点的人，但仍然要下一番功夫。”

我不知道他脑子里到底打得什么主意，但这会儿我不想听他引经据典了。我两眼瞪着他，也不知道自己是否失态了。

“你就像菲尔博士（译注：菲尔博士是美国著名电视节目主持人，心理学家）。”我尽量把话说得轻描淡写，“他的话说得尖酸刻薄，不过，你要是能注意到这一点，道理自在其中。”

虽说我对这次早餐可能遇到问题做足了准备和方案，但这一个却没想到。

“在飞机上，你就明确表示你要多挣钱。”他说，“我问你打算怎样用这笔钱。你转变了话题，绝口不提。现在你能告诉我吗？”

我不知道这是否又是一个圈套。金钱本身就是一种回报。

“主要是出于安全感、美满生活、赢得别人的尊重。金钱是一个评判标准。挣钱和拥有钱财是出人头地的一条途径，我想做个赢家。”

“看得出来。”

“这是不是您想要的答案？”

“我不这么看，帕特里克。这个问题没有一个正确答案。我觉得金钱不过是通向终点的一条途径，金钱本身并不是终点。它可以助你一臂之力，让你坚持不懈地实现自身的价值。接下来的几个星期，我们再详谈晦涩难懂但又极有益的价值观问题。”

“接下来的几个星期？”

“不错，帕特里克，我提议接下来的几个星期，只要有空，我们每星期二碰一次面，在早餐时做一些交流。任何一方都可以随时终止这一会面。你愿意吗？”

好吧，卡特总算不会宰了我。我心想，我还有机会。

我在座位上向前倾了一下身子。“与艾尔·克拉夫顿见面？您没和我开玩笑吧？我当然愿意下星期再见。”

“不过，我有两点建议。首先，我们不要太客套，叫我艾尔就行了。其次，我提议提前选定讨论的话题。比如说，下周见面，我要你考虑一下经验总结的原则。这是我从第一次见面时就自己的观察，给你的一个例子。”

“行。”我点着头说。

“难道你要把这些话都记在餐巾上不成？”

我掏出黑莓手机，点开菜单图标。“我都记在这儿。”我说，“我建了一个克拉夫顿文件夹。”

他笑了，“好好研究一下‘目标锁定’这个词和步骤。你可以上互联网上查。同时思考一下计划的力量。再思考一下计划的步骤，能给你带来什么？”

我都一一记了下来。“三件事，经验总结、计划的力量、目标锁定。老时间、老地方，对吗？”

“对。”克拉夫顿笑着说。他又给了我他的手机号，他一边说，我一边以自己都不敢相信的速度输进了黑莓手机。他付了账，留下了一笔丰厚的小费。“你有空随我去拐角那边转转吗？我有样东西想让你看看。”

我跟着克拉夫顿绕过了一个街区，来到一幢大门上方挂着一块“希望之家”牌子的大楼前。克拉夫顿解释说，这是附近一家收留前来寻求帮助的失业、离职、无家可归或仅仅是“迷了路”的人的地方。这里首先会评估新客户的眼前之急，然后根据他们的需要提供应急的帮助。比如说，如果有人缺钱，就安排他们去工作，哪怕是临时性的，做一些简单的工作让他们有机会挣点现金，安顿下来，帮他们重拾自己的尊严。

我们进了大楼，克拉夫顿看到一名衣衫不整的年轻人坐在靠门的一张凳子上。他穿了一条牛仔裤和一双帆布底工作鞋。“今天还好吧，斯坦？”

年轻人笑着紧紧地拥抱了一下克拉夫顿。说，“很好！”

克拉夫顿穿过大楼，不时地和周围的人握手，我则像条迷路的小狗一样跟在他后面。他低头钻进一个小小的办公室，我守在门口，他则和管理这个项目的负责人谈了五分钟。完了以后，他告诉我，这幢新楼的竞标，以及他公司的基金会和相关项目资助的一些情况。

“希望之家不从事慈善活动。”他说，“这里所做的是让

人们把握自己的命运，给他们机会，让他们重拾自己的尊严。”

“这些人是不是犯过罪？”

“有一些是。”他说，“但也不全是。有些人不过是一时时运不济，或者是近墨者黑。不论是哪一种情况，这里的最终目标是让客户成为能发挥一技之长的、社会上的有用之才。”

我琢磨着他选用的这个词：客户。

我欣喜若狂，驱车一路向办公室开去。我知道，卡特急着要听这些，我还得想着怎么告诉他，于是我停下车，在心里又过了一遍，记了一些要点。我决定将这次会面说成是一次闲聊，引用克拉夫顿的话说，让我和公司入选他们的团队之前，他要先了解我。

我还要炫耀每周一次的会面和他的手机号。我的身价就要上涨了。拟好汇报后，我稍稍加快了速度。我要当面汇报这些情况，而不是发语音邮件。

这不是巧合。

四

第二个星期二，我驱车直奔弗雷德餐厅，又将车停在正门口。这次我穿了条牛仔裤和一件淡蓝色的 T 恤，西装则挂在宝马里，留着早餐后再穿。

这次早餐，我花了足够的时间，做足了准备，他选定的话题，我都有话可说。这一个星期来，我收集了很多问题和想法，脑袋像龙卷风一样转个不停。我对他的公司了如指掌，他每天涉及的是些什么工作？占据这位世界闻名的 CEO 日程的到底是些什么项目？不过，最重要的是，不知道这家伙到底在我身上打的什么主意？卡特烦了我整整一个星期，不停地追问我和克拉夫顿的进展。他时不时来打个岔，搅得我无法安下心来工作。卡特迫不及待地要和我一道去会会克拉夫顿。

这个星期，我提前 30 分钟抵达了约定的地点。我不动声色地选了一个紧靠上星期的那个隔间的小隔间，还是玛吉在一旁招待。我点了杯咖啡，喝第二杯的时候，克拉夫顿跨进了店门。

我瞥了一眼桌上的便签。便签中间写着上次见面时克拉夫顿提到的话题。

经验总结

计划的力量

目标锁定

最后一个再简单不过，我在网上找到了海量的相关信息。“目标锁定”是一心只关注一个特定目的或目标，忽略其他重要的因素，甚至不计个人得失。虽说还能举出其他例子，但这个词好像源于战斗机飞行员一心想着自己地面上的攻击或轰炸目标，忘了及时拉离目标，一头栽到了地上。这显然非常切合不好的事情，但我佩服在商场上积极进取的人，懒散的人比比皆是。在我的眼中，目标锁定怎么能是一件坏事呢？

克拉夫顿走了过来。玛吉随即为他端来了一杯他喜欢的咖啡。我忙起身向他问候，慌乱中臀部撞到了桌沿，溅了一桌的咖啡。

“噢，真抱歉。”

“没事儿，我们来擦好了。近来可好，帕特里克？”

“我一直盼着再次见您呢。”我说。

克拉夫顿瞥了眼便签，说：“我知道你做了记录。这是不是说明你记住了我布置的任务？”

我点了点头，说：“的确如此。”

“没耽误你的工作吧？但愿不会。”

“您现在就是我的工作。”我笑着说。我想尽快从他的表情上看出他的想法。

“噢，我明白了。这么说，你们对我全力以赴喽？”

“嗯，我们的确拟定了一套程序。我想，我现在要锁定的目标就是艾尔·克拉夫顿。”

我们一起笑了起来。玛吉用抹布抹了桌子，为我俩续上咖啡，站在一旁，等着我们点菜。“还是老样子？”她问。我俩同时点了点头。

克拉夫顿看着便签，说到：“那好，给我说说你有什么心得。”在我向他说从维基百科上搜来的“目标锁定”这个词的解释的时候，他专心致志地听着。

“依你看，目标锁定总的来说是一件好事吧？”他问。

我顿了顿，揣摩着他想要我如何回答这一问题。“是这样的，关注度不够是美国企业的一个通病。没有人用心，个个都很懒散。用您的话说，我认为自己的目标锁定让我占了很大的优势。”

“麻烦你再给我说一遍你对目标锁定的定义。”他说。

“‘目标锁定’是一心只关注某一目标，忽略其他重要因素，甚至不计个人的得失。”

我将便签放回了桌上。“您看，目标锁定在某些情况下有利，但在其他情况下有弊。现在想想，我猜‘目标关注’是件好事，‘目标锁定’是关注过了头，这才是问题的根源。”

艾尔似乎很满意。“那么，你为什么要关注一个目标？”

“我关注某件事物，是想看得清楚一些。”

“那你是否接受‘明确目标’是一个好的说法，‘目标锁定’是一个应该避免的延伸呢？”

我耸了耸肩，说道：“您要这么说，显然是这么回事儿。这不过是个文字游戏罢了。”

“但也会过犹不及，不是吗？”

“可能吧。”我一下没了底气，我真不明白怎么就过犹不及了。“除非您是位战斗机飞行员，那还差不多。”

“目标才是关键所在，帕特里克。有个目标，紧盯着目标是件好事。可是，一旦你忽略了其他东西，就成了死扣。”

我看着他，没有吭声。

“这就好比你的婚姻。”他说。

“唉……”我叹了口气。

克拉夫顿笑了。“你知道是哪一句台词让杰克·尼科尔森（Jack Nicholson 奥斯卡金像奖得主）出名的吗？”

“你左右不了真理！”我俩异口同声地说。

从某种角度来说，克拉夫顿是对的。忠言往往逆耳。

“你看，处于战斗状态中的战斗机飞行员，必须清醒地认识到可能造成机毁人亡的因素。”克拉夫顿说，“包括他的燃油，引擎运转情况，敌人采取的防御措施，甚至在编队中为避免碰撞自己要保持的位置。战斗机飞行员在进攻的时候，势必要清楚自己的高度、气流速度和俯冲的角度。疏忽其中的任何一个因素，都不是最佳状态，势必会导致生命和财产的损失，无法胜任长期的任务。”

“您怎么什么都知道？”

克拉夫顿没有理会我的问题。“换句话说，过于关注一个目标，往往是枉费心机。人生也是同一个道理。要想保持优异的业绩，你必须注意可能将你拖垮的一些方面。一心只想着自己前途的企业家们往往会发现，他们取得了曾经渴望的一切，但也会以身无分文告终！这是因为，就算他们挣来了钱财，最终也会散尽，因为他们没有遵循统辖财富大厦的规则。”

我点了点头。他的声音又在我耳边响起。“就好比我父亲。他挣了不少钱，但在我 15 岁那年因心脏病去世。除了一身的债务，他什么也没给我们留下。”

“对不起，帕特里克。重蹈覆辙的人不在少数，他们埋头苦干一辈子，到死也没有什么成绩。而有的人却削尖脑袋往上爬，甚至在此过程中不惜牺牲自己的健康和与妻儿之间的感情。”

我们默默地对坐着。我吃了点荷包蛋，咬了一口抹了热黄油的吐司。

“艾尔，你为什么要在这个话题上花费这么多时间？你想必是认为我把这给搞砸了，是不是？”我直视他的眼睛，不肯让步。

“帕特里克，这个问题不该由我来回答。我不过是认为应该指出这一原则，让你评估一下自己的经历。”

我的黑莓手机嗡嗡响了起来，我看了一眼，是史黛西发来的一条信息，要我尽快回个电话。

“你认为是我搞砸了和汉娜的这笔交易，是吗？”

“首先，这不是一笔交易，帕特里克。这是誓约。再说我也没说你搞砸了。”他往隔间的墙上一靠，说，“不过，我应该指出这条原则，好让你从自我评估中受益。”

“这我知道。我是得反省自己的人生。对这事儿，我最近想了很多。实际上，都是因为我一直过于关注自己的前途，才造成了如今和妻子的分居。”

“你有没有好好想一想全面评估自己经历的步骤？”

“您能不能举个例子。我们说到哪儿了？”

“经验总结。这是上次选定的另一个论题，还记得吗？你反思过从旧金山回来的航班上，我们是怎么认识的了吗？”

“是的，我后悔当初太过于以自我为中心，还对别人抱有成见。”

艾尔将手中的杯子放到了一边，探过身来。“帕特里克，

你注意到了没有，这是一个非常重要的问题。”

“注意到了。”

“你能认真考虑、坦诚以待吗？”

“能啊，当然能。”

“你是否更后悔遇到我时过于以自我为中心和对别人抱有成见，甚至为此深深地懊悔过？”

记得艾尔曾说过，真诚是表里如一，难道这就是他理解的意思。

“说句实话，我也不敢肯定。”我实话实说，“也许两件事我都后悔。我后悔，是我的真情实感，我悔不该表露出自己的这一面。但这不过是真情的自然流露罢了。”

“帕特里克，你践行了自己的承诺。我喜欢你的这种个性。我这一生中弄清楚了这么一件事，人有巨大的创造力和拓展力，但大多流于形式。拓展是合理规划的一个分支。你说说规划有哪些可取之处。”

我想了想。我真是一个好的计划者吗？似乎大多数事情都能随我所愿。“规划可能是设定具体目标的关键吧。在企业中，制定计划，统一团队的思想，整合所需的资源、技术和流程，

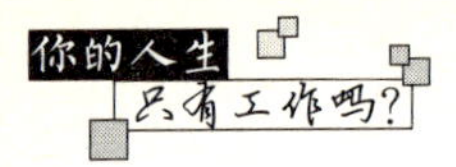

划定一个时间线很重要。制定计划是建立衡量各个阶段工序步骤的关键。”

艾尔点了点头。“不错，你说的都是些实话，不过你落了一点，也是我要深究的，即里程碑这一概念。如果你有个计划，你会制定一个进程，是不是这个道理？”

“是的，这很有成效，通向目标路上的一些路标，就是里程碑。”

“我赞同，所以，我的观点是，如果有一个进程表，你就有了一个了解完成每一步的标准。从而增加了尽早发现偏离最佳路线和造成巨大浪费的机会。你看，帕特里克，优秀的飞行员并不是指那些能在偏离航线或远离目标的位置上完成一次大的进攻演习后安全返航的人。优秀的飞行员应该是刚一出现偏航就能发现，随即予以纠正，就好像从没出现过偏航一样。”

“我知道了。这同样适用于人生和企业的很多方面。”事情又出现了一线于我有利的转机。

“是的。这里的关键是做好充分准备，了解通向预定目标的正确线路，接着就可以迅速按着这个路线启程了。事实证明，不论在什么方面，就我个人而言，这都是一大优势。”

“谢谢。”我用指头敲着便签说，“坚持计划，接下来的经验是什么？”

“飞行员 VS 乘客。”

“飞行员 VS 乘客？这是什么？这不在话题之列啊？”

“设想一架航行在人生之旅的班机，由谁来发号施令？很显然，班机的航向、路线、一路上需要处理的诸多因素和采取的措施，都由飞行员来决定。坐在后面阅读杂志的人，则将这段体验拱手让给了别人。抱着这种生活态度的人不在少数。他们依赖别人给自己把握方向，任由别人（别人的观点和通过各种途径搜集来的信息）牵着自己的鼻子走。决心要做自己人生旅程飞行员的人则愿意承担起全部责任。他们决定自己的目的地、航行的路线，如何利用一路上的资源、机遇，应对一路上的风险。”

“毫无疑问，我就是这样的飞行员。”我说。这时，我的黑莓手机响了起来。我低头看了一眼，调出了这条信息，也不是什么要紧的事儿。

“他们的心思全都用在了别人身上，指望别人来填补自身的空虚或空白。不过，这只能算是一个下下策。从长远来看，收效甚微。这段反复出现的空白成了‘他们’的一大缺失。这一缺失，人生的各个方面都会有，而且非常微妙。当然，你不可能两头都占尽。不可能既是倒了霉的乘客，又是落了便宜的飞行员。跃跃欲试的人不在少数，我也不例外，不过，这有很大的限制，最终害莫大焉。”

我点了点头。

“帕特里克，依我看，你的生活似乎受着别人的牵制。虽说你自认为主宰着自己的人生，除了自己事业，两耳不闻窗外事，但你绝非如此。”

“但我是啊。我就是这样的飞行员。我自己说了算。我是个天生的领导者。”

“和大多数人一样，你不过是个应声虫罢了。我可能是你最大的客户。可是，你甚至连不去理会收到的信息，坐下来和我吃顿早餐都做不到。你和汉娜是怎么一回事儿，我猜都能猜得到。”

我愣愣地看着他。黑莓手机在我口袋里不停地震动。

“难道回几个信息就让我变成乘客了？”

“也不尽然。但难道这不是让别人搅乱了一次安排好了的

一小时的会面吗？是的，我要说，正是这让你变成了乘客。一位心不在焉的乘客。”

“艾尔，您当过飞行员吗，我是说，真正的飞行员？”

“怎么，帕特里克，你怎么突然冒出这个念头来了？”

“您了解很多航空知识。”

他咧着嘴笑了。“没错。我在军队呆过一段时间，我对问题的分析和看法都得益于那段经历。我发现这是一个简化了的框架，可用来套我发现了的原则。”

“您每个星期都让我对您平添三分的敬意。”

“那好啊，帕特里克。让人敬畏是件好事。”他开起了玩笑。

“您说我怎样才能自始至终做一名飞行员？”

“只要下定一个这样的决心。不论做什么，处处留心就是了。”

“您可别忘了，飞行员都要经过培训的。”

艾尔往后一靠，笑了，“波士顿这座内陆城市的一顿便饭或许就是一堂培训课。你还真想报名参加飞行员培训班？”

“我想我已经报名了。”

克拉夫顿看了看表，说：“我们下星期二接着聊怎么样？”

“没问题。”我点着头说，“但我有个提议，下次在我的地盘见。”

克拉夫顿犹豫着，靠向了椅背。他眯着眼睛问：“你的意思是在你的办公室？”

我点了点头。“准赢，就在道富大厦，离您办公室只有一个半街区之隔。”

“你不觉得在那里见面，还为时尚早吗？我知道有人在给你施压，你要炫耀自己的胜利，但我认为这对你们公司争取卡斯尔投资这个客户没多大益处。是谁给你的压力？卡特吗？”

我点了点头。

“你给我简单说说你对这位老板看法，帕特里克。”

“好吧，他大约 42 岁，是位执行副总裁，掌管着准赢最好的部门。他爬得很快，而且还有升职的空间。约翰是位了不起的说客，在与客户打交道上很有一套。我们相处得很好，他工作勤奋，差不多和我一样勤奋。”

“你给我说说他这个人，帕特里克。他的为人怎样？”

“他是我的老板，艾尔。我不是雇他给我打工。我不需要了解他的为人。我只要知道如何哄他开心就行了。”

“但现在你是费尽心思地让我去见他。你想让我过去，然后卡特恰好从那里经过，我说的对不对？”

“这肯定能帮我一个大忙。”

克拉夫顿摇了摇头，说：“帕特里克，如果让你选择一个搭档，进入一个子弹横飞，要想活命，还得指靠对方的地方，你会不会选择卡特？”

“我对他的个人情况不是很了解，回答不了这个问题。”

“帕特里克，你自己心中最清楚。你自己说，卡特是不是你出生入死的搭档？”

“也许不是吧，这不过是个直觉，一种感觉罢了。没有什么好说的。”

“好说的很多。你要留个心眼，保护好自己。卡特给我的印象是，凡事只为自己着想。”

我倒吸了一口凉气，“这么说，您是不答应了？”

“看吧，我不建议去，但要是你需要我去你的办公室，我会的，但要在星期二。我们可以将每个星期一次的见面挪到你的办公室，但要关上门。如果你提出要求，我也会和你的老板握个手，但你要让他知道，我对业务会议没有兴趣。”

“好吧。下个星期的任务是什么？”

“无需准备。你只要带着一颗脑袋、一颗心和一双耳朵就行了。”

我们相互道了别。回来的路上，我口述了一封长长的语音邮件，向卡特做了汇报。我强调，艾尔·克拉夫顿说过，不赞成这个时候洽谈业务。时机还不成熟，我告诉卡特，我们还得再等等，但我认为取得了进展。

两个小时后，卡特给我回了条信息。

“我理解。”他说，“不过，要是你能让克拉夫顿来正式见个面，我们会给他留个好印象。”

我回到办公室，确认了这次会面，第二天下午见到卡特，他告诉我公司的高层对我们俩非常满意，印象非常好。

五

我又整理了一遍办公室里的椅子，围着办公桌转了一圈，确保墙上的每一样东西都摆得整整齐齐，我镶在黑樱桃木镜框里的学位证书，从业第三年就获得的年度银行家奖（史上最年轻的获奖者），我参加在棕榈泉（Palm Spring 位于加州南部沙漠深处、洛杉矶以东约一百多英里的度假小镇）举办的准赢大会时飙车的照片，我最得意的一张是萨尔玛·哈耶克在会上签了字后、手搭在我肩膀上的照片。8 点 25 分，史黛西一头闯了进来。

“快、快、快，他来了。他们送他上来了。”我慌忙冲向电梯，去接艾尔·克拉夫顿。

这一周来，我们忙得不可开交。为了能在艾尔给的有限时间内向他推销成功，我们做足了预案。一个星期前饭桌上的那次见面，克拉夫顿就说过，他只给我们90分钟的时间，其中60分钟还是我们私聊的时间。

经过几番争论，约翰·卡特决定将小组成员缩减至三位。卡特和我们的最高领导帕特里霞·雷德蒙等在会议室里。帕特里霞将简述一下准赢公司的实力以及在艾尔产业中的几项成功案例。然后再推出两家诱人的收购候选企业的概况。卡特曾说过，这两家企业的资料，除我们之外，谁都没有。我实在搞不明白，她是怎么知道的。

电梯门打开之前，我刚好赶到。艾尔犀利轻松地走了出来。

“帕特里克，我们又见面了。”他热情地笑了笑。

“感谢您的光临，艾尔。我知道，您是看在我的面子上来这儿见我，让我们做一个简短的介绍。”

“不客气，帕特里克。你有没有和约翰·卡特等人说过，我觉得这个时候洽谈业务可能为时尚早？”

我点了点头，回答道：“那还用说，我说过了。”

“你有什么打算？”

“如果您愿意听我的，我们直接去行政会议室。先和我的

同事待几分钟，然后再按您的要求，到我办公室度过整整一个小时。”

艾尔点头表示同意，和我一道默默地向不远处的会议室走去。

一阵短暂地寒暄之后，我们直奔主题，每个人各就各位，表演得比前两次彩排还要精彩。帕特里霞一通干净利落的欢迎词和概述之后，约翰·卡特神采飞扬、声音洪亮地抛出了第一家待选企业。虽说他给足了机会，但艾尔自始至终没有提一个问题。不过，据我统计，期间他做了三次简短的记录，若有所思地点了四次头。他好像很感兴趣，也很高兴。

“有关这些介绍或我们的业务，您有什么疑问吗？”我问。卡特笑了。雷蒙德在椅子上挺直了身子。

“有。”克拉夫顿慢条斯理地说，“一个一般性的问题。”

我们全都探过身去。除了空气调节器发出的嗡嗡声，这是我以前从没感受过的，会议室里一片寂静。记得一位销售培训师给我们上课时说过，对专业的销售人员来说，问题就是朋友。

“你们能否提供一份印刷成册的企业道德规范，另外请说说贵方提供的相关培训？”他问。

我瞥了一眼卡特，他正望着帕特里霞。

“我们约有一半员工是律师和注册会计师，这一培训是继续教育规定的一部分。”她不动声色地说，“我和高级职员也对其他员工这么要求。您还有什么要问的吗？”

“我可以向您保证。”没容艾尔回答，卡特赶忙插了进来，“本公司将是与您合作过的最诚信的一家公司。”

一阵尴尬的沉默之后，艾尔仅点了下头，然后说了句：“好吧。”他没有表态。

卡特插了进来，“那好，我建议卡斯尔投资签订一份保密协议，允许准赢着手深入调查这两家待收购企业。”

“请恕我不能从命。”艾尔不紧不慢地说，“我的评估小组这段时间很忙，暂时分不开身。六个星期或者更长一段时间内，我们都不能接受新任务。”

卡特仍不甘心，“您一向以着眼于难逢的机会著称。就我们初步的调查来看，这两个标无疑都符合这一说法，不是吗？”

艾尔仍然不为所动。“您过奖了，约翰，您说的没错，我们要与对的企业合并来发展壮大卡斯尔。乍一看，这两家企业是不错，但我们也要从长计议。我们需要考虑自己团队成员的

身体和家庭生活。我告诉过帕特里克，这次洽谈为时尚早，我也确信他向您做了解释，是不是，约翰？”

卡特迅速地看了帕特里霞一眼，然后又转向克拉夫顿。

“还真没有，不过，我理解您的处境。”卡特说，“耽误您的时间了。”他的身体一时僵在了那里。

“很高兴再次见到您，艾尔。”帕特里霞说着，努力地挤出了一丝热情的笑。“什么时候您认为时机成熟了，我们愿意随时恭候。”她又冲着我的方向，问：“你还有什么需要我做的没有，帕特里克？”

“没有，谢谢。”我窘迫地说。

所有人全都站起身，帕特里霞·雷蒙德和约翰·卡特离开了会议室。克拉夫顿又坐回到椅子上。“你对这事儿有什么看法？”他问。

“不太妙。卡特推我下水。”

克拉夫顿凑近我，说：“帕特里克，我知道你想做我这笔业务。很抱歉我不能签保密协议。这虽只是个权宜之计，但从长久来说也是不可靠的，依你们公司目前给我的印象来看，我最近没有做你们公司客户的打算。”

“我告诉过约翰，您暂时没这个意向。”我说。

“我知道。”

“我同意他们设计让您进圈套。”我老实承认，“我对不起您。”

“人从本质上是积极进取的，帕特里克。我们都想推动事物的发展，但有时候我们太急于求成了，即使它并不符合我们的最大利益。”

艾尔将手搁在身前的桌面上，说：“打个比方说，出于某种原因，人类‘要求’不断前进。只要还有一口气，都难以满足现状。我们总在追求多上加多，好上加好。这是一个普遍特点，一种天性。我坚信，这一天性并不是没有道理的。在这种情况下，人们生性的进取心就好似土著飞镖，让我们不断回到原点，也就是说，继续寻求真理和目标，不达目的誓不罢休。”

我将他说的要点输入了黑莓手机。“我是在记笔记。”我说，“不是发短信。这是您每周一次的飞行员培训课程吗？”

克拉夫顿笑了，“你准备好了吗？”

“准备好了。”撇开了刚才的会面，我松了一口气。

“我给你举几个例子，谈谈是人都争强好胜原因。不知你

有没有注意到，你属于85%～95%的学生，为了学位而奋斗，思想自然而然地想到毕业以后，并且会认真考虑‘接下来’是什么的人？这是件好事，也很自然，是绝对无法避免的。到了这个时刻，你关注的差不多全是手中的作业、要取得的学位和一项重大成就。”

“没错，我和确有过，但那就是人生。”我说。

“那是当然。但进步犹如一列失控的火车。如果你听之任之，它有可能背道而驰，比如说酗酒和吸毒。如果这个星期两杯小酒或两粒药丸满足了你，下个星期很可能要三杯，再下个星期四杯，如此下去，欲壑难填。人们一贯满足于多多益善。这是人的一个共性。因此，在寻求真正满足的时候，你要好好想想将重点放在哪里。”

“艾尔，您这是在讲道理吧。我们还是回到目标锁定这个主题上吧？”

“是，也不是。目标锁定只适用于一个目标或焦点。我们进取拼搏的天性则适用于人的一切价值体系。”艾尔手掌向下，打了一个水平的手势，以此代表各个层次的人。

“嗯，我看得出来。”

“这就是人生。”他说，“如果一个人真正为了实现一项大的目标，豁出去，不顾这一过程中的平衡，即使他实现了这一目标，他终究会发现，什么满足都是一时的。我们常听人说某某在自己的领域红极一时，但随即失去了平衡，跌落云端，从此郁郁终生。谁都有下一桩大事要办、要想。因此，一旦此事将结，你的大脑又转移到了别处，开始盘算着另一桩大事了。”

“嗯。我明白您的意思。”

“这不是件坏事，不过是我们的天性使然。你不妨接受自己的这一天性，用到正道上去。”

“我记住了。”

“继续讨论下一个话题之前，我们先来着重说说先前的论点。我们说过，如果选错了满足的源头，前行的方向则有可能背道而驰……比如食物、毒品、酒精、名誉、快乐、人情、健美、宗教、爱、美貌等。为了满足内心一时的欲望和正当需要，所要耗费的越来越多。因此，你对自己的选择要慎之又慎。世人说得好，只要你能将其悉数收入囊中，这些东西就能让你幸福。当今世界，‘幸福之路’都浓缩在好莱坞熙来攘往的人流中，但事实上你找不到比他们还要牢骚满腹和异常的人。”

我点了点头，说：“好莱坞神话……照您这么说，是个谎言了？”

“没错，这就是攀比心理。”他站起身，走到白板前，找了一支蓝色的马克笔，画了一个大大的三角形。

“我以前没见人用过这块白板。”我说。

“这是一幅图。”克拉夫顿说，“卡特是你的老板，你好像很佩服他，以前甚至愿意为他两肋插刀。我说的对吗？”

“过去是的，但现在不了。就在他置于我不顾、撒谎的那一刻起，一切都改变了。”

克拉夫顿陷入了沉思，接着他笑了。“帕特里克，我们不妨从他的角度来看待这件事儿。”他边说边在三角形的顶点画了一个X，“卡特在这儿。”他又在三角形的右下角画了一个X。“你在这儿。你说卡特今天是赢还是输，赢了什么，输了什么？”

“他自己毁了成为您客户的机会，动摇了自己在老板心中的地位。挽救损失的时候，他说了谎。结果，他失去了我的信任和忠诚。”

“一点儿没错，但他还在这儿，对不对？”克拉夫顿用马克笔敲了敲三角形的顶端。

“对啊。”

“我们再来放段录像，你或许会明白，不论是什么情况——你留在这里、辞职、晋升，都无关紧要——事情最终会为你改变，而不是为他或公司的企业文化。”

“放录像？”

“是的，心智成熟的人可以从长期效应这一背景中看到短期的变数和选择。任谁都可以憧憬未来。‘放录像’这个词是我用来提醒自己向前看的。”

“我明白了。”

“幼稚让人只顾眼前的利益，不过，我们要想到长期成本或影响之外的东西。考虑一下平衡，然后再拿主意。”

“好，我放录像的时候，看到卡特还在这儿。”我告诉他。

“不错，他仍然具有同样的价值。他不会变。可以这么说，他仍是这片林子里的大王，就在这个三角形的顶端。”

他擦掉了白板上的图，回到我面前的椅子上坐定。“关键的一点是，只有你才能活出自己，过上真正的生活。改与不改，能否活出新的价值，取决于你自己。谁也不能将自己和基本价

值观、信仰一分为二。这表现在生活的各个方面，包括工作中。要想事业成功，就不要花太多心思做表面文章。请你记住真诚和真诚的含义。多展现真实的自己，因为终有一天，一切都会真相大白。从我们认识的第一天起，这就是我们一直在讨论的商业实务。”

艾尔犹豫了一下，好像在等着我理解。

“听君一席话……”我说。

“真诚应该是表里如一，可以适应于人，同样适应于各种组织、机构和团体，是不是这个道理？因此，你要切记，一定要真实。不过，你可别将这当作完美的标准。人无完人。谁都保不准什么时候大个意，辜负了别人，辜负了自己。不过，我还真发现有两种人存在很大的区别，一种人深思熟虑，力图选择并循着一条更好的道路；另一种人则要么想都不想，要么找一条显然太过诱人的捷径。”

“我还没想过整个一家企业或组织真诚不真诚这回事儿。您说的是企业文化吧？”

“不仅仅是这里，而是处处。如果我只能留给你一条忠告的话，就是要活得真诚，也就是时时刻刻要真。对自己、对别人、对客户，以及对任何人。这才是领导艺术。”

“要想在美国企业中立足，你很难表现出真的一面。”我说，“都是在拼着劲儿地去胜出，去出人头地。”

“但要做一个领导，一个真正的领导，一个率真、可信的领导者。人们喜欢围绕在可信的领导身边。领导能力是一种心态，同时也是一套完全可以习得的技巧。谁都不会是天生的领导者，那不过是个传说。如果我有这方面的能力，我可以肯定地告诉你，这都是学来的。”

“请问您是怎么学会做领导的？”

“帕特里克，这要看你怎么看待领导这一角色。”

“我说的是把握公司的方向。”我答道，并且我非常满意自己的回答。

“这我同意，但我们不妨来分析一下这个想法。领导怎样知道往哪个方向发展的呢？”

“放录像啊？”我猜起了猫猫。

“不错，但要从更高层次。只有从高出众人的角度才能获得。”

“何以见得？”

“真正的领导能力在于很多方面，不过首先要比手下人看得更多更远。有时候，你还得看到别人看不见的。不能超前一步的领导不是位称职的领导者，因为谁也不可能在众人的后面领路。因此，我在内心提醒自己，要不断地在我心灵的眼睛中‘高人一头’，站得更高，看得更远。我是用战场上空的直升飞机这一比喻来帮助自己理解的。”

“嗯，这引起了我的共鸣，也非常地直观。”

“是的，说它直观，是因为我们都坐在这儿。不过，子弹横飞的时候，这是很难记住的。你势必要形成一种本能和习惯。”

我点了点头，说：“我曾听过一句老谚语，说的就是这个道理。轮到自己的胳膊进了鳄鱼的嘴的时候，你绝对想不起来是到这儿来排水的。”

“帕特里克，再来问你一个问题，谁有权任命领导者？”

“我不知道您指的是什么？艾尔。”

“每个人对待工作的责任感和干劲、创造力和侧重点、感情和认识都不尽相同。一个优秀的团队，其成员从心底里处处为团队的整体利益着想。这种责任感能消除人与人之间的隔阂。这里的底线是，属下才是决定谁是领导者的人。如果属下愿意跟着他，竭尽所能地为团队奉献，一定能众志成城。耐人寻味地是，哪怕你是一位指定的领导，但要是没有追随你的人……”

“没错，我就谁也领导不了。”我抢先做了总结。

“帕特里克，大多数人不愿意吃苦。这话你说了不止一遍。这一伙人最终难以成功、效率低下、没有满足感。跟着这伙人，请你不要满足。哪怕是条死鱼，也会随大流，这你是知道的。”

我听了，忍不住哈哈大笑。

“最后一条，请你切记，你不会做一辈子领导。谁也不会。有时候，我们都是属下，我们都在别人的屋檐下，但也有尊严。”

“好的。”我点了点头。

“所以，身担这个角色的时候，那就做一个杰出的属下。为领导着想，给予他支持。给出公正的反馈，尤其是你认为他遗漏了某些东西的时候，但切记要实事求是。要么接受和支持他的决定，要么卷铺盖走人。做一位杰出的属下，可以帮助你像领导者一样成长。”

突然间，一位一身白纱裙的女孩闯进了我的脑海。在经营这段感情上，我不是位好的领导者。除了金钱，无论从哪一点来说，我都不是一个好的当家人。

送艾尔去电梯的路上，我们商定下个星期在他的办公室见面。

“下次可不许为见面睡不着觉喽。”克拉夫顿说，“我知道的。”

“谢谢您，艾尔。您说的这些都很有道理。对于这次设的局，我很抱歉。”

六

接下来的星期二，还没到去艾尔的办公室赴约的时间，我坐在自家厨房花岗岩台面旁的高脚凳上，出神地看着咖啡杯。这会儿还早，他的办公室离我家只隔两个街区，我打算去见艾尔之前，在自己家里好好把握这一个小时，但昨晚和汉娜发生的那一幕，始终在我的脑海里挥之不去。

我们本打算离婚这天吃顿便餐，小聚一下，然后各自分道扬镳，但两个小时以后，我们还在聊着。她一向是位耐心的听众，我对她有说不完的话。但再次见到她的时候，我很奇怪自己当时的感觉。只要和她在一起，我就很兴奋。吃完饭后，她的一句话，让我觉得天旋地转。

“帕特里克，”她说，“我要去见个人。”

我本没有权利管，但这句话却好似一记重拳击在了我的腹部。我从没想到过这事儿，我的汉娜要去会别人？

我一夜未眠。去卡斯尔投资的路上，我的脑海里始终翻腾这句话……人心在变啊。就在两个月前，我还是准赢的一颗明日之星，无牵无挂，没有妻子和孩子的羁绊，在冲向目标的快车道上。我俨然成了这个世界的主人。现如今，我对一切都产生了怀疑。这到底是为了什么？

过去的一个星期，约翰·卡特一直远远地躲着我，也许是做出了这种事后，他无颜面对我。但昨天他把我叫了进去，死心不改地要我将克拉夫顿往准赢的客户上发展。他催着我拿出一个方案来，但我什么也没有。我们不能催克拉夫顿这样的人。就算能行，我也不会。再也不会了。

“克拉夫顿要见我的动机与公司没有关系。”我向他解释。

“你不是想告诉我，艾尔·克拉夫顿仅仅是想见见你，帕特里克，就为了……就为了和你交个朋友？得了吧你。”

我在桌对面轻蔑地看着他。我想告诉他，艾尔不喜欢的正是他。不论用什么方式向艾尔提投资建议，都会让我觉得自己极其的平庸、卑贱、浅薄自私……但卡特一概不听。

这次去他办公室赴约，我早到了15分钟，于是我在大厅一角的擦鞋机前停下了脚步，一边擦鞋，一边想着继续来见他的动机的巨大转变。要是两个月前，这是95%的业务机会和5%他勉强给我的随便什么东西。但现在风向已转，我还真的来了兴致。

我走进卡斯尔投资，来到了富丽堂皇的服务台前。保安正盯着一排小小的监视器，上面显示着电梯进进出出的人流。

“请问姓名？”保安问。

“帕特里克·米歇尔。我是来见艾尔·克拉夫顿的。”

提到CEO名字的时候，我有心观察了一下他的反应，但他似乎并不在意。保安拨了电话。快速地检查了我一遍，然后递给我一张牌子。“自始至终戴着这个，离开大楼的时候还给我。”他将一张条格纸推到我面前，指着纸说。我填了表格。他说：“有人这就过来带您进去。”

我走进大厅，看着窗外，只见道富银行对面耸立着一座锈迹斑斑的新潮金属雕塑。我又转过身，打量了一番大厅，大厅内蔚为壮观。我一时很想知道克拉夫顿的办公室会是什么模样。

“您是米歇尔先生？”一位年近60的妇女走了过来。她身穿一套带着闪亮的金纽扣的蓝色套装，一头灰色的头发往后紧紧地贴在脑后。

“我是特丽·奥尔登。”说着，她向我伸出了手。“克拉夫顿先生的助手。”接着她又向电梯做了一个手势。“我们上去吧。”

我点了点头，跟着她穿过电梯间，绕过一个拐角来到一扇没有标牌的门口。她刷了门禁卡，开了门，抬手示意我过去。在另一端是间带独立电梯的小房间。奥尔登女士又敏捷地刷了一下门禁，我们绕过了众人，去了顶楼。特殊待遇真好！

“您在这儿工作很久了吗？”电梯开始上升时，我问道。

“27年零两个月。有24年是直接为克拉夫顿先生工作的。”她顿了顿，上下打量了我一眼。“您是一位幸运的年轻人。克先生（Mr. C.注：克拉夫顿先生的简称）对您很感兴趣。”

“他是位了不起的人。”我说，“艾尔见过很多我这样的人吗？”

“屈指可数。他每次只见一位。”

电梯到了72楼，我俩出了电梯。

“特丽，请问艾尔为什么要和我这样的人交往？”她收住脚步，转过身。

“您是飞向未来的箭。他要帮助箭笔直、分毫不差地飞过去。至少他是这么说的。”她想了想，又说，“克拉夫顿先生只关注他认为能充分把握他提供的帮助的人。他说他从生活境况走向另一个极端的人身上发现了巨大的潜能。您去过希望之家吗？”

我点了点头。

“克先生希望给人以机会。几年前，在他的张罗下，建起了希望之家，到现在他还事必躬亲。那里改变了很多人的人生，帕特里克。我要说的就是这些。”她指着我的胸口。“但克先生认为，更大的机会靠你们自己把握。您是一位有才华有干劲儿的年轻人，前途无量。早日让您接受这人生的一课，最终可以触动更多的人。”

“艾尔一般和他的‘箭’见多久？”我忍不住大声地问了出来。

“因人而异。不论是谁，只要他有这个愿望、真正努力成长，他就愿意多花时间和精力。他的目的是促进这个成长进程，

为您，也为了您影响的人。为什么非得要等到最后一刻才想到做番大事业呢？”

我不禁想起了自己的父亲，“有些人到老才明白过来。”

“您说的没错。这也是指不定的事儿。”

她转身沿着走廊，带我来到了艾尔安静的角落办公室。室内装饰简朴：泥土色的墙面、深色实木墙裙。靠一堵开了两扇窗户的墙边的一张会议桌中间，整齐地放着一盘过水面包圈和奶油芝士，叩开的胡桃和一杯咖啡。但唯独不见艾尔。特丽领着我直接走了进去。

“他这就过来。”她说。

这间办公室相当宽敞，布局合理，但没我想的奢华。低调、朴素且功能齐全。一张为了来客的方便、带拐角的办公桌，一个偌大的会客区和一张带六把椅子的会议桌。家具非常协调、互通有无。室内似乎特别注重采光。办公室的每一个部分都充分沐浴在温馨的阳光中，但用强光突出了三个次空间和装饰色调。角落办公室还带有一个角落盥洗室。这时，一扇嵌在边墙上的门开了，进来的是艾尔。

“欢迎欢迎，帕特里克。还好吗？”

“嗨，艾尔。我好着呢。”

“坐吧，饿坏了吧。这里没有我们在弗雷德餐厅吃的美味佳肴，也没有玛吉，但可以凑合一顿。”

我们津津有味地吃着过水面包圈和水果。我一抬头，看见真皮沙发另一端的茶几上放着一个相框。一张8英寸×10英寸的黑白照片上，两位身穿飞行服和口袋鼓鼓囊囊的马甲的年轻人站在一架庞大威风的喷气式飞机前。我用叉子指着照片问：“那是您驾驶的飞机？”

“是啊，飞行时间超过1500小时，有一半是在战斗中。”

“什么机型？”

“当时的主力，F-4幻影Ⅱ。”

“看样子好快。”

“这要看机型了，有些机型还真要速度，比如侦察机。不是有这样一个说法么，事实证明，只要引擎的功率够大，F-4能带着一个谷仓以超音速飞行。这些都是大功率引擎。”

“和您在一起的是谁啊？”

“他叫罗伯特·拉姆塞·麦迪逊，外号‘铁路’！他是我早年最好的朋友。一位说话慢脑子快的南方小伙子。他以优异

的成绩从空军军官学校毕业，是他所在的飞行员培训班里的佼佼者。他身强体壮，干劲十足。一天下午，他以一个恰到好处的无线呼叫救了我一命。当时，他只有瞬间的时间让我知道，一个编队飞行中的嫩中尉即将与他下面盲区的一架飞机发生碰撞。他只用了两个词，'领头、突围'，真是分毫不差。我立刻明白过来该怎么办。我避免了一次大的空中碰撞事故。”艾尔陷入了沉默，仿佛又回到了遥远的过去。为了不打扰这庄重的一刻，我保持着沉默。

“真想几年后还他这个情。”他说。

我记起艾尔的司机提到过旧金山之行的目的：他朋友去世了。我不知道还有些什么。

“铁路是不是有个儿子？”我问。

“是的，叫帝姆，还有一个女儿，蓝妮。都是了不起的孩子……对了，现在可不是孩子了，都是快40的人了。你是怎么知道帝姆的？”

“我们认识的那天晚上，我和您的司机安东尼聊了几句，就在洛根机场。他说你去看一位好友的儿子，你的好友去……世……呃……”我想尽量说得委婉一些。

“他自杀了。你但说无妨。事儿已经出了。那是我最悲伤的一天。我震惊、茫然、悲伤、愤怒，但主要是懊悔。我懊悔铁路受了这么大的罪，我却浑然不知。此后，我竭尽全力地去了解怎样帮助别人。”

“他为什么自杀？”

“他放不下，不能自拔。”

“放不下什么？”

“可以这么说，他无法再驾驶飞机。他是位了不起的飞行员，可到头来，却没能把握好我们一直在讨论的人生。他失去了平衡，被飞行员们称之为‘死亡螺旋’的情绪左右。这个词你可以查得到。死亡螺旋是指飞行员不相信飞机的仪表，跟着飞机飞行的感觉操作，从而觉得昏头转向，完全分不出上下。继而是，你越是努力，事情就弄得越糟。”艾尔出神地望着窗外。

“我们是不是都会不时地昏头转向一次？”我问。

“是的，有这个可能。这离不开我们最基本的需求、希望。没有食物，你可以生存几个星期，没有水可以生存几天，没有空气可以生存几分钟。但要是丧失了希望，你也就彻底完了。”

“我还第一次听人这么说。”

“希望是对美好明天的一个理性的预期。失去了希望，你也就失去了一切。当然，关键在于我们有没有为了希望做出选择。这又是一个飞行员 VS 乘客的问题。”

“一旦陷入了螺旋，我们就要承认这一境况，小心地予以矫正，我说得对吗？”

“对。谁都保不准有昏头转向的时候，但要是被个人的情绪左右，不相信事情远不止眼前所见到的，就难以走出，甚至走不出这个螺旋。寻求真理靠的是大脑，不是心情。我们要认识到自己的心情，不否认、不隐瞒、不压制，但也不能被其左右。选择是思考的结果。但有些人却深陷这一螺旋之中，浪费了机会不说，最后重重地一头栽到了地上。”

艾尔起身关上办公室的门。又回到办公桌跟前坐下，咬了一口过水面包圈。

“真不可思议！”我说。

“你指什么？”

“您对问题的分析。”

“这不过是恪守简单、有效的原则和多年的经验罢了，帕特里克。你给我说说你们公司的情况。”

“也没什么新鲜事。”

“卡特还在对你步步紧逼？”

“这个星期他比以前安分多了。也许是他没脸见我。昨天他倒是追问了我。”我笑了笑，“当然，迄今为止，我还是他的大红人。这也算是一条新闻吧。他认为我在争取您这笔业务上没有尽力。他要我尽快办成。”

“要是办不成呢？”

我耸了耸肩。“我见他开人也不是一次两次的了，但这次不同。这不公平。您对我坦诚相待，我很小心地让卡特知道了这事儿。他都清楚，但您当面问他：我是否告诉了他。他当着自己老板的面撒了谎。我们之中显然有一个人面子上过不去了，他这才找我的麻烦。我估计他是在帕特里霞·雷蒙德面前夸下了海口。您知道我从没说过您签了保密协议，这对我来说非常重要。”

“帕特里克，帕特里霞刚接手波士顿准赢那阵子，在我身上花好几个月的工夫。她几次要让准赢参与我们的项目，但我想看看，在我点头之前，这位新任掌门人会对那个团队带来什么样的积极影响。”

“出了什么情况？”

“几个月后，以失败告终，帕特里霞打电话当面问我，她还有没有可能争取到这笔业务。我告诉她不能，不仅当时，在可预见的将来也不能。她这才识趣而退。”

“艾尔，这个故事我听说过。”

“那好，振作起来，放一遍录像，将这一幕放在一起。你知道他急于求成。知道自己有一线希望将卡斯尔投资收为自己的客户，他就忍不住上报了雷蒙德。她出席这次会谈，也许是认为这笔交易是板上钉钉了。卡特实际是在告诉她‘瞧，你失败了，但我把它给搞定了。我比你强，你得提拔我。’”

我点了点头。

“就算我仅仅是为了帮你，愿意和准赢做这笔业务。但这还要你来决定：我能做吗？做还是不做？”

“你愿意这么做？”我不禁大吃一惊。

“运用你学到的知识嘛。你可能就此不公平地遭到解雇，就因为你没有争取到一位他向自己老板夸下海口的客户，就因为你没有按照他的指示逼我和你们公司合作。几天前，你还是一颗明日之星，如今你或许要收收了。不过，你只能小心翼翼、一头恼火、觉得憋屈。注意你的心情，不过，请你将我的话在脑子里过一遍。好好想一想。我没有说为了救你，愿意做你的客户。我也许会，也许不会。我只是打个比方。我说的是‘就算我愿意……’你愿意要我这么做吗？”

我呆呆地看着他，撇开了情绪，动起了脑子。

“好吧，我想我明白了。您要我放一遍显然是短期行为的录像，是吗？如果我接受您的提议，您就成了我们的客户。但您说过，您和我们的文化不投缘，您也不喜欢卡特。”

艾尔步步紧逼，“但你深信自己的公司，你愿意努力工作。所以，你可以本着自己忠实守信的信条出卖我。”

我仔细地掂量着他的话。千真万确，我有时候是相信这家公司，我也相信克拉夫顿在许多事上的观点没错。我环顾了一眼他的办公室。这里的一切都给我一种异样的感觉。甚至在这里工作的人，都更加舒缓、亲切、放松。

“艾尔，我明白你说的卡斯尔和准赢之间的文化差异了。我认为还不存在一个良好的、长期合作的基础，因此，如果我要您送我这个人情，是目光短浅 ，说得难听点是自私。所以我要说不。”

“回答得好。”他说，“因为从文化上说，这不合适。”

我们静静地坐在沙发上很长一段时间，艾尔让我慢慢地理解、消化其中的道理。

“您认为文化不同在哪里？”我想知道他的看法。

“我们的文化注重的是核心价值，但大多数企业却看重利润和效益。我们所做的每一件事都取决于自己强有力的价值体系。我们关注价值，讨论价值，并且相互敦促信守这一准则。我不会雇佣与我们的文化格格不入的员工。”

“您也不会和你们的企业文化格格不入的公司打交道。”

“正是这个道理，帕特里克。信任分为两个方面。你相信动机吗，你相信判断和能力吗？这两项你都不要相信，也不值得信。我发现，如果你和可信的人合作，什么问题都能解决。如果和不可信的人打交道，你要学会保护自己，合同中有写不尽的条款。你得有个标准，一旦你真正了解了他们的为人，和他们周旋起来，你会轻松得多。简而言之，这就是卡斯尔成功的基础。”

“如果您现在和我们公司做生意，我认为您会瞧不起我。这或许是一个眼前的胜利，但您瞧不起我。这是因为您认为我们的员工或多或少地和卡特一个样。所以我只能说，现在不合适。”

“但也许会有这么一天，特别是由你来经营这家公司的时候。你会做一些真正的改革。帕特里克，我为你骄傲。这不是一场学术讨论，而是一堂难得的实践课。天上不会掉馅饼。你悟透了。”

七

“看来你是喜欢上这个地方喽？”克拉夫顿咧着嘴，笑得像个进了糖果店的孩子。他走进弗雷德餐厅的隔间，伸手顽皮地在我肩上捶了一下。“你要不要承认，弗雷德现在是你喜欢的餐厅？”

“还不完全是。”我说。

玛吉为我们端来了咖啡和菜单。还附了一张注明今天的特价菜是“得州风味的火腿蛋松饼”的卡。

“什么是‘得州风味’？”我问。

“就是大的意思。”她答道，“有三个鸡蛋。”

“那就来一份吧。”我说，“我把午餐也一并解决了。”

“我还是老样子。”克拉夫顿说着，冲玛吉笑了笑。

“一个摊鸡蛋，多放点火腿，一小块芝士配番茄，干全麦吐司。请稍候。”

她转身走向厨房，冲柜台后的几个人喊道：“一份 AC（注：艾尔·克拉夫顿的首字母）！一份得州松饼。”

“AC？是专门为艾尔·克拉夫顿准备的吗？这儿有一道以您名字命名的早餐？哎呀，我没这个资格。看来我知道自己该什么时候来了。”

克拉夫顿微微一笑，呷了一口咖啡，然后眨了眨眼睛，说：“不好意思，我的朋友。你合了胃口，他们才会印在菜单上。弗雷德将这变成铅字之前，我还有一定的差距。”

“我真的喜欢上这个地方了。”我承认，“菜很好，也不铺张。”

“这是帕特里克·米歇尔说的吗？”

“哈哈，您真逗。”

“我很高兴你喜欢上了这里。在这儿见面简化了我星期二的日程。等我们吃完，我离希望之家也就不远了。这又多给了我们几分钟相处的时间，我很珍惜。”

我想起中学时的一个周末，老爸打算在比赛后请我们这支

足球队的客。我们刚刚赢得了这个赛季的第三场比赛，一起挤进那辆旧面包车，后面跟着好几辆车和家长，浩浩荡荡地直奔饭店而去。我急于要在队友跟前挣个面子，老爸却直接将车开到了一个低级的小饭店，一个十足的大排档！我好没面子。我认为他至少能请得起像点样子的餐厅，但他说，要是他付账，地点就得由他来定。克拉夫顿很像我的老爸。他不太在乎排场。也许我也是。

“这不是问题，‘煎鸡蛋艾尔’。你们飞行员都有个外号，这是我给您起的新外号。”

玛吉扭着腰肢给我们端来了餐盘，问道：“两位小伙子还来点什么？”

我们一同摇了摇头。

“给我说说你工作的最新情况。”克拉夫顿说。

“自从我们上次见面后，卡特很少在办公室，这倒是一件好事。上个星期五，他把我叫了去，谈了大约30分钟。场面有点紧张，但我们没提到他向帕特里霞谎报军情这事儿。办公室里好似有一颗手雷。谁也不想承认，更别提谁先下手了。不过，昨晚我突然灵机一动。您听着：准赢有一套先进的通话系统。

进入系统的语言邮件会以数字文件存档两年。有几份语音信息可以证明卡特是个骗子，我问心无愧。他一准没想到这些。”

“慢慢来。你说得太快了，你什么意思？”

“上次我们见面后，卡特还在路上，于是我给他留了一封语音邮件，做了一个详细的汇报，包括您对我说最终给准赢一次机会，但时机还没成熟。我肯定说了不下五六分钟。甚至引用您说的‘仍要下一番功夫’以及我是最好的机会。”

“你肯定这些信息都保留了？”

“绝对保留了。我认为他们在别处也有备份。卡特给我回了一封语音邮件，说他理解。他要我先将约见给宣扬出去，好好干。这就是他的决定和赌注。他还告诉我怎样破解您的障眼法。也许我不该对您说这些——对不起。”

“没事，我们是就事论事，你没有贬低他在我心中的形象。”

“我可以将他这件丑事公布于众，或者至少背后捅他一刀。”

艾尔砸了口咖啡，坐了一会儿，“帕特里克，多挤出来的牙膏，你有想过再灌进去吗？”

“我不敢说自己有过，好像也办不到。”

“正是，你说到点子上了。人生中有些事儿，你一旦做了，就无法挽回。手中捏着别人的把柄，你要三思而行。一些具体的考量可以替你拿主意，决定该怎么做。”

“好吧，比如说……”

“想想采取行动的时机。火烧眉毛的事并不多，所以请你慢慢来，将自己迫切需要的方方面面考虑周到。用一天时间想想这样的大事。弄清自己的意图。接下来，再问问自己，‘我能为绝大多数人做的一件最好的补救措施是什么？’没有在心头过上几遍这两个问题之前，对别人不利的举动，你都不能操之过急。只有这样，你才能做出一个正确的决定。仔细想想你采取的方式，可能给双方造成的长远影响，你也好，他人也罢。然后再拿主意。”

“您是说我不该今天早上把这些语音邮件直接发给帕特里霞·雷蒙德？我没听错吧？”

“我只想说一句，一旦你这么做了，就注定无法挽回。化解不了彼此间的矛盾不说，以后也不得安宁。”

我愣愣地看着他的蓝眼睛，有一刻，这双眼睛似乎变成了灰色。

“来，将这段录像在你脑海里放一遍。如果你认为此举的结果有可取之处，确信你这么做有一个正当的理由，不只是为了一己之私或一己之利。请你扪心自问，‘为了大家的长远利益，我能做的最有益的一件事是什么？’请将你自己包括进去，而不是排除在外。做这个决定的时候，这些都应在你的考虑之列。请再放一遍这段录像。想想这会对你、他、他周围人的生活产生怎样的影响。”

我吐了一口气，扫了一眼吃饭的客人。这里东一个西一个坐着几位老顾客。有几位坐在吧台边的凳子上，还有两位工人在靠墙的桌子上吃着饭。

“他会遭到解雇。”我说。

“他的家人呢？”

“他会另找一份工作。”

“请你再考虑和权衡一下自己的这一举动。”

“好吧，我知道了。我会考虑的。”

“这就对了。请你好好想想。帕特里克，看来你一直是个非常出色的人。”

我点了点头。我曾经是。这是真的。

“出色的人大都出自困境。他们都有这样那样的残障和不幸，比如家中有人酗酒。你有这种情况吗？”

“没有，绝对没有。”

“这么说，你的出色是你自己的追求喽？沉迷于追名逐利，游戏人生，我说的对吗？”

“我想是的。这难道不好吗？我是说，以我个人的观点来看，您的人生经历中没有‘懒汉’这个词。您就是一位非常出色的人。”

克拉夫顿听了哈哈大笑。

我自顾自地说到：“我们不妨换个角度，我来问您同一个问题。10 岁那年您养的狗死了，这才导致您走出家门，开办了全球最成功的一家公司是不是？”

克拉夫顿笑着摇了摇头，说：“帕特里克，我的朋友，你还真是块料。”

“认识您之前，我认为有些人如愿以偿了，但大多数人没有。”我说，“我认为这可以归结为简单的一句话。”

“怎么说？”克拉夫顿问。

“我是说，有些人在生活和事业上取得了成功，有些人没有。有些人如愿以偿，比如你，比如我，但大多数人没有。”

“这么说，你认为自己成功了，是吗？”他的脸色变得凝重起来。

“嗯，我以前一直认为，成功与否，全在于我自己。是的，我以前一直认为自己‘成功’了。我在公司里是一人之下万人之上，即将成为最年轻的合伙人，而我的一些同事在那儿苦苦奋斗了20年，却永远也成不了合伙人。”我示意玛吉过来把咖啡给我续上。“但现在您告诉我，有些东西，我错过了。”

“你现在总算虚心学习了。”

“这都是您的功劳。”

克拉夫顿低下头说：“但愿我对你有所帮助。不过，什么时候还真难说。你认为自己10年后会是怎样一番情景呢？”

“经营一家成功的公司，就像您。但也许在，也许不在准赢，这要看事情的发展了。您知道的，如果老板不计较，我也许很快会被重用。”

“果真如此？这就是你想得到的？不惜一切代价？”他端起咖啡，悬在半空，等着我回答。

“您这个问题问得话中有话吧？‘不惜一切代价’暗含太

过关注某一件事物。所以说，我要说不，不是不惜一切代价，但也可以说是的，以合理的代价。卡特是个骗子，这都是他挑起的。被扫地出门，是他活该。我需要在这一行中保住自己的名声。当然，正如我承诺过的，要想想这里的选择。”

“这一点无疑需要考虑。不过，挫败卡特会让你背上一个乘人之危的恶名。你不妨从这个角度想想。”

“我们能不能换个话题？”

“当然可以。”

“10年后我会结婚，甚至有了孩子。”

克拉夫顿犹豫了一下，说：“我知道。你打算随便找个人结婚？”

“我一直在找机会告诉您，过去的三个星期，我去看了汉娜几次。”

“真的吗？”他来了精神。

“但也不能匆忙下结论。她在和另一个家伙约会，用她的话说，他显然是个‘不错的人’。”

“是谁先提出来的？你？还是她？”

“我打电话给她，约她出来吃个饭，再谈谈离婚的事儿，可我们好像又回到了第一次约会的时候。我得用一种完全不同的眼光看她。发现她正在和别人约会的时候，我感觉好似被别人在肚子上踹了一脚。我吃醋了。”

“你看她有什么不一样？”

“她以前一直不支持我的工作。现在我明白了，我将重点全放到了一个地方，而忽略了全局。我对她有点自私。”

艾尔打断了我，“等等，你刚才说什么来着？”

我犹豫了一下，说：“我有点自私。”

“说得好，你接着说。”

“其实，汉娜早几天就告诉过我，说我现在好像变了。她问我发生了什么事儿。”

“你怎么说的？”

“您，我告诉她是因为您。”

“不是我，帕特里克。这都是因为你的内心。秘密在那里。”

我耸了耸肩。克拉夫顿招手示意买单。

“再接再厉，帕特里克。下个星期，还是老时间、老地方见？”

“好的。作业呢？”

“和谐生活。”

这一次，我捡起账单，最后一个出的门。艾尔到了希望之家之后，我才发动宝马，向市中心开去。我手头上的事很多，但我决定先不急着去找帕特里霞·雷蒙德，先等等再说。现在我已经打定主意，暂时将它放一放。

八

星期四，我正在办公室开电话会议，手机响了。是汉娜打来的。我忙接通了电话，将会议电话按了静音。

“你好，汉娜。”我竭力掩饰着内心的兴奋。

“嗨，帕特里克，没想到你接了。我还以为要给你留个言呢。”

“去年你一个电话都没打给我。”我轻轻地说，“我不想要你给我留言。很高兴接到你的电话。”

“你今天有空出来吃个饭吗？”她脱口而出。

“怎么了？你在想什么？”

我低头看了眼工作计划。有一个午餐会得要重新安排，紧接着还要见一位股东。

“你要是忙，也不是什么大不了事儿。”她给了我一个台阶下。

“我不忙。”我连忙说，“11点半，就在你楼下的寿司店见，你看怎么样？”

她笑了，说：“你一贯讨厌寿司的。”

“我好久没吃过寿司了。你这么喜欢，也许我该再试试。寿司清淡，对你有好处，不是吗？”

电话那头一阵沉默。

“汉娜，你在听吗？”

“劳驾一下，先生。我要找的是投行经理帕特里克·米歇尔。你把他怎么着了？”

“你太搞笑了。那，11点半见？”

“好呀，加州卷先生（注：Mr. California Roll，是汉娜对帕特里克的戏称）！”

“帕特里克，下星期一之前，你能不能完成分析报告？”扬声器传出来我的名字，将我拉回到现实中来。“帕特里克？”

我将脸凑近这个小盒子，解除了静音。“没问题。”说完，我笑了。

刚到 11 点，我就溜出了办公室，去和汉娜一起吃饭。见她也稍稍提前走进餐厅，我舒了一口气。我们谈了各自家里的一些新鲜事，以及那次欧洲之旅，那是我们婚后最美好的一段时光。我尝了寿司，不过，为了以防万一，我又点了份上好的沙拉。汉娜注意到了，但她什么也没说。

“某先生怎么样？”

“请你说得明白点？”

“你知道的，和你约会的那个坏蛋。”我笑了笑，说：“我不该打听的。”

“帕特里克，他不是坏蛋。他是个好人，我们和好，全是他的功劳。你会喜欢他的。”

“我保证不会。”

“我们在一起很开心。可他有点急于求成了。你的工作还好吧？”

“不太好。我和卡特闹翻了，所以一直不顺心。我现在有点心灰意冷，真的。”

她睁大了眼睛，说：“真的吗？我简直不敢相信自己的耳朵。”

我的心情随即急转直下。我听出她话中暗含的忧伤、愤怒、伤感和隐隐的失望。我拼命回忆克拉夫顿说的“不要耿耿于怀、要用脑子想”这句话。抑或是我应该放在心上？子弹横飞之际，我一时想不起来了。

“你不是说你是个无人能及的明日之星了吗？”

我耷拉着脑袋，说：“我不知道，汉（注：汉娜的昵称）。我什么都不知道。公司现在变了样。卡特和雷蒙德，也不像从前一样站在我这一边了。”

“帕特里克，你被卖到那个地方了，我永远都是第二位。最近你好像是有些不一样，现在我知道为什么了。你的头等大事是装可怜，好找一个替死鬼暂时解脱一下。”

“你都说些什么啊？”

“等你工作上的事定了下来，你又会故态复萌。”她咬着嘴唇，说，“我爱你，帕特里克，但这不足以让我再忍受你一次。”

说完。汉娜站起身，出了店门。

我在桌子上扔下两张 20 元的票子，追了出去。她离我有半个街区，我一直盯着她。我想追上去，告诉她，是她想错了。我要向她解释清楚，但我的两脚不听使唤了。如果她是对的，又能怎样？我止住了脚步，只觉得腹部一阵地翻腾。在第二个拐角处，我转过头，向办公室走去。

我在办公桌前坐下不到五分钟，史黛西就走了进来。

“卡特想见您。”她说。

“现在吗？”

她点了点头，说：“是的。”

“我这就过去，谢谢你，史黛西。”

我慢慢地朝卡特的办公室走去，只觉得每一步都很沉重。

“我们和克拉夫顿到了什么地步了？有没有进展？”我刚一进门，他劈头就问。

我在他办公桌前的一张椅子上坐了下来，说：“没有，约翰，我不能说有什么进展，真的。”

卡特两眼盯着电脑屏幕，噼里啪啦地敲着键盘，在回一封电子邮件。“你什么时候能兑现自己的诺言？”

“什么诺言？”

“帕特里克，你误导我相信你能争取到克拉夫顿，我将这条好消息上报了雷蒙德，为的是抽出资源，将人员投到这项调查上去。雷蒙德调整了去亚特兰大的行程，第二天才和我们一起参加了会谈。你让我们两人都很难堪，难堪的还有你自己，你也许毁了我们与克拉夫顿公司的最后一次机会。你不要跟我玩文字游戏了。”

“约翰，我从没和你玩什么游戏。我相信我从没说过克拉夫顿这个时候对我们的提议感兴趣。这一点，他对我说得很清楚，我对你也说得很清楚。”我盯着他的眼睛回答道。

他微微一笑，眼睛又回到了键盘上，接着打他的字。“帕特里克，你是个人才，你在这儿干得也不赖，但你缺一样东西。你缺少杀气。我很遗憾地告诉你，你不胜任准赢的团队。”

“我不胜任？”

“我只能解聘你，立刻生效。”

“你说什么？”我探过身，“你和我开玩笑吧？你要解聘我，就因为你自己把事情给搞砸了，约翰？”

“这只能怪你自己。筹码在桌子上的时候，你就该压上去。

你错过了。这个项目不可能有什么大希望了。”

卡特站起身。他以前给我们培训时说过，谈判结束、送客出门时，如果你站起身，对方会自然而然地模仿你的身体语言，跟着站起身。我坐在椅子里没有动。“你就是这么一个人？”我问，“这不是我的错，约翰。你自己心里最清楚，你炒我的鱿鱼究竟是为了什么？”

“我已经决定了。”他说，“保安会给你20分钟的时间，过后他们会下来送你出去。人力资源部的洛莉就在我办公室外面，等着带你去签弃权书。事情到了这个地步，我很遗憾，我祝福你，帕特里克。”

我站起身，走到了门口，我猛地转过身。

“卡特，你说的没错，我不适合这里。”

我踏着轻快的步子，后面跟着个人力资源部的人，向办公室走去。经过史黛西的座位时，她抬起头，红着眼睛看着我。

“我真难过，帕特里克。我刚才听说您……”

哟，这传得也真够快的！

我停下脚步，拍了拍她的胳膊，说：“史黛西，我对你关照得不够。我要向你道歉。我不是个好老板，我向你道歉。”

“您快别这么说了，您一直都是一个好……”

“我不过是想让你知道，和你合作我非常开心。你一直是这里的中坚力量。如果我能拉你一把……”

就在史黛西拥抱我的时候，来了一名身穿制服的保安。签完了文件，我被送到了车库，然后又被送到了大门口。我用门禁卡最后开了一次门，递给了保安，向左拐上了单行道。剩下的时间，我要给自己放个假。

安顿好了以后，我长舒了一口气，拨了克拉夫顿的电话。电话刚一响，他就接了。

“帕特里克·米歇尔，真是不胜荣幸啊！”

“谢天谢地，您总算接了。”我说。

“出了什么事儿？”

“您方便吗？”我问。

“还真不巧，安东尼送我去马布尔黑德。你怎么了？”

“不太好。我刚刚加入了失业大军。”

他沉默了一秒钟。背景里传来了来来往往的车流声。

“我知道了。这倒是件新鲜事。是谁挑起的，你，还是他们？”

“他们——确切地说，是卡特。”

“这是他们的损失，帕特里克。你告诉我，他用了几个小时或者几天将你逼到了这个地步？这事儿是否公平？”

“我也说不好是不是我自愿离开的。”我实话实说。

“你现在是个什么状态，帕特里克？”

“震惊，但冷静、情绪稳定。”

“你今晚有什么打算？我想请你到马布尔黑德来一趟。我们可以谈谈。”

“好吧，我看看能不能在百忙之中抽空见您一面。”

克拉夫顿哈哈大笑，说道：“你不妨看看好的一面，现在时间多了。”

“时间多了，但钱没了。”我说。

“我太太这几天不在家，去看孩子们了。你6点半过来，我再叫份外卖，叫他们送点匹萨来，我们能解决世间的一切问

题，成吗？”

“成。”

他给了我地址。“回家好好睡上一觉，或者随便怎么打发一下时间，帕特里克，放松两三个小时。”

“谢谢，艾尔，我是想这么做，可我还有一些事情要办。他们额外付了我 14 天的薪水，之后就没有了。我有两张没有透支的信用卡，但我要格外小心，看看能不能撑到这个月末。”

“至于那么紧张吗？”

我没有算计好，但又不愿承认。

“待会儿见。”艾尔说。

从网上打印下来的地图直接将我带到了艾尔位于马布尔黑德的家门口。时间才下午 6 点，我还有一段时间要打发，于是我驱车越过大门，去四处看看。这地方我差不多有两年没来过了，但我想不起这个历史厚重、风景秀丽的居民区。6 点半整，我过了安检，一边将车停在埃尔家石头铺就的车道的斜坡上，一边欣赏着美丽的景致，这时，一幢宅子闯入了我的眼帘。这是一幢稍显低矮的旧宅子，几级双曲楼梯通向大门。宅子坐落在一个地势较高的地方，使得整个镇子和太平洋尽收眼底。

克拉夫顿忙为我开了门，说："你好，帕特里克。快请进。找到这个地方不费事吧，我知道的。"

"一点都不费事儿。我来得有点早了，又开车兜了一圈。真美，嗯？这就是你的小窝棚，抵得上五个我的家了。"

克拉夫顿哈哈大笑。"过奖了。孩子还小的时候，我们就决定找个好地方。这样的话，我们就可以在一个地方将他们养大，对他们来说，这就是家。这房子是我们这些年一步一步地装修起来的。我妻子珍妮特对设计和色彩很有眼光。这都是她一手操办的。你想不想免费参观一下？"

我点了点头，一想到买这样一个家，我还是落了一步，心里不觉一沉。

"你替我听着点儿门铃。"他说，"俱乐部会给我们送来匹萨和沙拉。10 分钟内就应该到了。"

我们沿着一楼走了一圈，看了看似乎没完没了的卧室。他

陪我进了一间剧院规模的房间，室内铺着豪华的地毯、比影院还要精致的灰色皮椅、一幅银幕占据了一面墙。然后我们又顺道去了酒吧，拿了几瓶啤酒，去了屋后的露台。宽敞的露台可以将马布尔黑德海峡尽收眼底。

“艾尔，住在这里，是不是规定要买艘游艇？”满眼的船，大的小的，人力的和机动的。处处都美如明信片。

“你要是住在这儿，也一准会爱上这里的水。”艾尔一言概之。

“艾尔，开车转悠的时候，我看见有些地块上立了些写着名字的小牌子，是您的吗？”

“私底下的。”他说，“但我的家人的确是冲着它去的。这是我们参照通向美好生活这一目标的记录，这种生活就是和谐生活。”

“你给它起的什么名字？”我想知道。

“山顶别墅。”他说。

我咂着可乐娜（注：Corona，墨西哥著名啤酒品牌），忍不住摇了摇头感叹道：真美。

“这是一个美丽的家园，但名字的寓意是健康、智慧、快乐、丰腴，尤其指灵性的生活。山顶别墅是一个实现我们最高梦想的地方。”艾尔解释说。

他顿了顿，以便我慢慢理解。我从前做的一切貌似让我出人头地，但到头来却是一场空，实现我的最高梦想似乎仍然遥遥无期。也许我的想法表露在了脸上。

“又是紧张漫长的一天？”

“是啊。”

他伸过酒瓶和我碰了一下，说：“为我们的B方案干杯，”

“为B方案干杯。”我说，“这是哪儿跟哪儿呀？”

“还记得么，天上不会掉馅饼。B方案往往胜过A方案。”

我环顾了一下四周说：“是啊，我立志要做个CEO没有错。没人能说得服我。”

“也没人这么做。也许这件事为你实现目标助了一臂之力。当然，要是你不再评估、学习和成长，那又另当别论了。”

“我有这个计划。我想认真考虑一下自己的新选择。”

“帕特里克，角落办公室外有更广阔的天地。你会有更多的收获。以后你会明白这一点的，你会选择一个更好的企业文化，拥有一段更加和谐的私人生活。”

“和谐。是的，但愿如此吧。我不敢说自己的生活非常和谐。”

“你两眼只盯着自己的前途。”克拉夫顿说，“但你看看这让我们到了什么地步。这本身就是一大失败。到了最后，一切都是枉然。反倒成了对手茶余饭后的谈资和实现目标的一块垫脚石。”

“我需要立等可取的资源。囊空如洗之前，我的时间不多。”

“但你有积蓄，不是吗？

我摇了摇头说：“还真没有。”

“存三到六个月的薪水以备不时之需，这个基本道理你该懂的吧？”

“我一直以为，这是说给别人听的。我还真没有过应急计划。”

“你需要一位财务顾问。”克拉夫顿说，“一位能帮你解决这些问题的教练。谁都不是万能的，帕特里克。如果我学到了什么有用的东西，那就是未雨绸缪。我给自己留了一个财务余地，为的是以防万一，同时给自己一个时间余地，以防意想不到的突发事件。个人余地，这是一个了不起的概念。”

“您说的是富裕时间吧？”

“不错。我不会让各种活动将自己的生活填得满满当当。我为不期来到我的世界的人和事留了一个富裕时间。如果我爱的人生了病，我只是打个比方，有时间陪她是很重要的。如果没有，你想给都拿不出来。世事无常，如果你将日程排得满满当当，不留一点余地，怎能过上安详、自信的生活呢。”

“艾尔，我连雇理财顾问的钱都出不起。”我难为情地说。

“相信我，帕特里克，你需要一个喘息的余地，否则你又会不堪经济的重负重蹈覆辙，入错了行。如果他是位对得起自己薪水的顾问，他定会在你的困境中为自己的薪水找到一片余地，同时在这个紧要关头为你开辟一片喘息的空间。我认识一个人，你可以给他打个电话，按下计价器之前，想必他会做个快速的审查，提出几种方案。”艾尔说。

门铃响了，克拉夫顿起身去了前门。他将带回来的匹萨盒与沙拉放在紧靠厨房的一张餐桌上，招手让我过去。

“替我从那儿的第二个抽屉拿一把刀和几把叉子过来。”

他在桌子上摆了两只盘子，又递给我一块厚实的餐巾。

“不管怎么说，今天是我要谨记的一天。”我说，“开始

是和汉娜一起吃饭。她冲我发了火，撇下我扬长而去。”

“真的吗？”

我边吃边点了点头。“真的，我对她说了自己的工作压力。”

“然后呢？”

“她说我一直是个自私自利、心里只想着自己的傻瓜，结婚以来，只想着自己的前途。我和她吃饭的唯一的动机是一时……对工作大失所望。”

“她真这么说的？”

“这话不是她说的。”我和艾尔都笑了。我觉得轻松了许多。

“真正的改变并不容易。”艾尔说，“但改变源于深切的愿望。要的是触动你我代表的价值观，和内心深切的向往。”

“艾尔博士又要开场了吧？如果是的话，我可要再来瓶啤酒。”我站起身，从柜台上拿过一瓶啤酒，开了盖。

“珍妮特和我的婚姻也不尽完美。”克拉夫顿说，“这就好比一座花园，时时得要侍弄、施肥、浇水、除草。帕特里克，但有一点我是非常明确的，成功离不开甘愿弥补你在家中的亏欠的家人。”

“我现在知道了。”我说，“我不想一个人爬上成功的阶梯，孤零零地站在顶峰。”

“帕特里克，你考虑事情的方式其实是向汉娜表明了，什么才是你人生中最重要的。我不是要教你怎样安排、如何去思考。我不过是要你做个有心人。”

克拉夫顿没有再说什么，这实际是要我掏出心里话。

“今天我算是明白了，如果我要结婚生子，而且付诸了行动，我希望这个人是汉娜。我了解她、爱她。真见鬼，我不是已经结婚了吗。她是我妻子。我们分居，都是我不好。我无视她的需要。如果离了婚，我最终会娶别的女人，要是改不了我的老毛病，我又会重蹈覆辙……也许会重蹈覆辙，直到我把老毛病给改了。如果最终要改，我何不趁早，和汉娜白头偕老。”

“这都是你自己想出来的？”

“还有位朋友助了我一臂之力。”

“想得不错，帕特里克。在总结经验这道题上，你得了个A+。一个漂亮的单飞，年轻的飞行员！如今，要想做出这些改变，你只要一个迈出第一步的简单明确的计划。好消息是，成功是水到渠成的事儿了。”

我忍不住哈哈大笑起来。笑得艾尔一时摸不着头脑。“您就像《空手道少年》里的宫城先生。您看过这部电影没有？”我问。

“看过。这名学生想学空手道。老师父却要他以非常独特、苛刻的动作给汽车打蜡，干一些杂事。打蜡、除蜡、油漆篱笆……到了最后，他将掌握的动作融会贯通，在大赛中取得了胜利。”

“艾尔，我至今仍不明白，您为什么要收我这个学生，但我还是非常感激您。我想要条黑带。”

“这是迟早的事儿，帕特里克。你有出类拔萃的秉赋。可别因为一时的义气让别人将你带上歧途。摆着你面前的是一个绝好的机会。生活中遇到一点挫折并不要紧，要紧的是我们怎样应对。你有两个选择。这是你人生中的一次因谎言导致的不公，抑或是一件绝妙的礼物。到底怎么看，全在于你自己，也只有你自己，你的选择决定了结局。牺牲品会认为这是一个不幸，从参照点讲诉自己的遭遇。而强者则决意去评估、总结，去完善自己。”

“我要做个强者。”我说。

“好样的。这虽不容易，但值得一试。”

“我的意思是，我可以去找律师，传唤几次准赢，锁定语音留言记录，用卡特的所做所为挠帕特里霞·雷蒙德几次头，最终揭发这个骗子。然后我借此达到我的目的。也许我会被重新雇用，或者拿一笔钱走人，卡特也许会遭到解雇，最终大家都知道我是无辜的，他才是条恶棍。不过，我要做得比这光明磊落一些。”

“另一个办法呢？”

“什么也不做，享受生活，好好生活。我决定了，七天内什么也不做。回顾过去，好好想想未来。但这个星期我得勒紧裤腰带了。”

“有什么需要，随时给我电话，帕特里克。”他说。

我笑了笑，说：“再来一个匹萨就行了。”

“你开窍了，我的朋友。”

30 分钟后，我带着第二天的早餐，一块锡纸包的匹萨和星期二在弗雷德与艾尔共进早餐的预约驱车向南直奔堪布里奇大街。

九

接下来的星期二，7 点刚过，玛吉就给我上了第一杯咖啡。

“你好呀，小伙子。你今儿个来得好早呀？”说着，她将一杯带着漂白粉味道的水放在咖啡旁。

“是啊，是有点早。艾尔要到 8 点才来。今天是个好日子。我有点等不及了。”

“我们有一位真正的朋友，可不是吗？”她给了我一个难得的笑脸。

“玛吉，您是什么时候认识他的？”我问，“也在这儿吗？”

她摇了摇头，说：“不是，在那边儿的希望之家。11 年前，我走投无路，去了那儿。艾尔做了我差不多两年时间的主教练。他救了我，不仅如此，他还救了我的儿子。我丈夫虐待成性，当时我和十岁的儿子正流落街头。”

“真的吗？听到这些我很难过。”

“我有必要编瞎话吗。希望之家和艾尔·克拉夫顿改变了我的人生。他们给了我机会和尊严。斯科特也有学可上。”

“您儿子现在呢？”

“他这就要大学毕业了，如果您相信的话，他上的是缅因大学，马上就要获得林业学学位，是优等。”她行了一个屈膝礼。

“您肯定非常自豪吧。”

“您说呢！我对艾尔永远感激不尽。他给了我最丰厚的小费。”一个小玩笑，她自己也被逗得忍不住笑出声来。

“艾尔帮了您什么？”她问。

我用了四句话概括了这10个星期，同时强调了我借新生活向更大的进步努力的决心。我还说了我们在飞机上的巧遇。

“不是巧遇，是缘分。”她这么一说，我俩都笑了。

“您说的对，玛吉，是缘分。”

“艾尔常说，你这段经历是你人生的转折点。”她走上前来，抓住我肩膀的时候，艾尔走了进来。

“你们两位什么事这么开心？”他问。

玛吉翻了翻眼睛，给他倒了咖啡，带着我们的菜单去了厨房。

我指了指自己的手表。

“行了，行了，我知道了，你又在催我了。你怎么来得这么早？”他落了座，四周看了一圈。餐厅对面的一位男子走了过来，感谢艾尔一个星期前在他的车爆胎的时候为他解了困。“因为您，我才做的这份工作。”那男子咧着嘴说，“多亏了您。”

我看着艾尔，摇了摇头问他：“您会补车胎？您还有什么不会的？”

“真不会。”他扬着一颗自信的脑袋，咧着大大的嘴说。

“噢，伙计。”那男子走进隔间，来到我的身边。“我叫比尔，”说着，和我握了握手。他穿了条牛仔裤和一件印有一家汽水公司商标的白色工作服。餐厅外停着一辆染了同一商标的大卡车。

“您是司机？”

“是啊。”他说，“干了有20个年头了。差不多和认识艾尔一样久。”他仔细看了看我面前的便签。“怎么？你也是艾尔的学生？”他用粗糙的手指捏着便签问。

“是啊。”我说，“想听听我以前一直都在琢磨些什么吗？”我看着艾尔，他笑了。

“这一个星期，我大起大落，我用这段时间做了规划。我对未来想了很多。便签上的第一条是家庭生活。我想拥有美满的家庭生活。我想要位妻子和，不，等等……把这条给划了。我谁也不要，我只要我的汉娜。我要汉娜回来。然后一起商量要几个孩子，这是第二个目标。”我指着便签说，“您看到了吗？”

比尔将便签掉过来，拿给艾尔看。“他说的没错，就写在这儿！白纸黑字！”

“便签上第三条是事业。我要干一番大事业，做一个好丈夫。我事业上的成功是为了家人和自己。我就是这么想的。此外，您说到了和谐，也谈了很多。我想要和谐。您能再给我说说什么是和谐，我怎样才能和谐吗？”

我望着比尔说：“我先来把便签上的几项给您解释一下。妻子将我扫地出门了。我被炒了鱿鱼。经济上已经穷途末路，在这儿，我还梦想着不知为何物的和谐。您听懂了吗？”

那男子摇了摇头。举起手，喊了一声："玛吉，给我来杯咖啡。"然后转身冲着我说，"伙计，我得去加点油后再来听您这些乱七八糟的东西了。"

玛吉将我们的餐盘放在桌上，替比尔倒了咖啡。"你还是老样子，老东西？"

"你竟敢当着我朋友的面这么跟我说话？"他回敬了一句。

我往自己的饭菜上洒起了胡椒粉。艾尔咬了一口鸡蛋，向我看了过来。

"帕特里克，你愿不愿意为卡斯尔做一些临时性的工作？"说着，他从桌对面推过来一张名片。"这是罗斯·道林思，是我的一位执行副总裁，目前正负责一个对我们非常重要的项目。我们准备收购一家企业，在这个阶段，团队可能会多找几个人手，利用一下新见解。你打电话给罗斯商量一下，但要记住，我只准备请你做六到八周的顾问，帮忙把这事儿给解决了。"

我顿时愣住了，"顾问？"

"你最近的经历将是一笔巨大的财富，帕特里克。"

我转过身。不知说什么好。

"他说的没错！"比尔接过了话头。

“做着看吧。”艾尔自顾说到，“你刚才提到了和谐。谁都想要幸福，但你不必将目标定在这上面。就好比角落办公室，追求人生财富的道路上，你可以拥有幸福，但幸福究竟是什么，你得心中有个数。这只能由你来做。”

“您认为幸福是清心寡欲？”

“我知道这听起来有些另类，不过，我来问你。你是宁愿要幸福，还是愿意活出人生的意义，快乐、关心他人、了解并实现自己的目标？人生不只是单纯的幸福。”

“这没有可比性。”

“你我都认可。所以我才要说，是源源不断的动力让你认清自己代表了什么，有什么内在的个人价值。这也许要慢慢来，但也无妨。”

“艾尔，刚认识的时候，您就问过我，如果我挣了很多钱，我打算怎么用，您还记得吗？”

“当然记得，你回避了这个问题。”

“是的，是我不对。但这是您刚才谈的问题，对吗？”

“对。你总算明白了。我么，人生的意义在于造福他人。谁都喜欢被别人服务，不过，我最终懂得，造福他人的人才是

快乐的。正如早些天我帮比尔补胎。这是我的荣幸。”

“不是谁都这么看待事物的。”我说，“您别见怪啊，比尔，如果您让我给您补轮胎，没准要错失这次会面了。”

比尔仰起头，哈哈大笑。

“给我说说汉娜吧。”艾尔说。

“周末我去看了汉娜两次。星期六下午我们见了一次，喝了点酒。我总算告诉了她，她在寿司店表示的担忧深深地触动了我，我去追了她，但接着我又往好处想，因为我想考虑一下她说的是否在理。”

“就这些吗？”

“不。我可以很高兴地宣布，她肯定明白我是真心的。我们一起度过了星期天的下午，我去接她，去公园散了步，谈了心。没有目的，就我们俩。我发现自己真的很享受问她问题，用心地听她的回答。她是个很特别的女孩儿。”

“那位超人呢？”

我愣愣地看着他。这个问题问得有些突兀。

“和她约会的那个人。他呢？”

“她打电话把他给回绝了。她告诉他，她不像他那么急，这对他不公平。艾尔，我认为这事儿的和平解决，我也有功劳。”

“这倒是个好消息。”艾尔说。

“眼下，我的计划只是陪陪她。找机会告诉她我的新想法。该是你的，总归属于你。我不必急于求成。”

“婚姻好比编队飞行。”艾尔说，“各自独立的飞行员选择在非常近的距离内一道飞行，组成一个互惠互利的双机小组。为了共同的目标，各自承担着一定的角色和责任。编队使得双方的实力大增，但双方也要时刻小心。一旦做到了，那效果将非常神奇。”

“我明白了，我在听，也在用心学。但我们要抓紧时间，因为您很忙。”

“是的，另外你还有一个电话要打。”

我们站起身。“比尔，很高兴认识你。”我说。

“也很高兴认识你，帕特里克。”

艾尔付了账，留了一笔丰厚的小费，他提议下次在港口会所吃饭时上下一堂课，时间定在我确定了咨询大纲以后。我不知道港口会所之宴是不是他给我这支“箭”上的最后一堂课。想到这儿，我不禁有些惴惴不安。

十

港口会所的迎宾大堂比我记忆中的更加富丽堂皇。大厅内一男一女站在相距 20 步远的地方各自打着电话。男的是艾尔·克拉夫顿，一眼瞧见我，他挥了挥手，然后竖起了两根手指。

诚如他的预测，两分钟后，艾尔收起手机，将手伸向我，说，“帕特里克！很高兴你把这给搞定了。”

“我也是，艾尔。这是我第二次到这儿来。”

“请进。他们为我们留了一个靠窗的座位。你下午有什么安排？”

“2 点半有个会，不过我已经安排好了。”

女服务生将我们引到一张坐览这座美丽的港口的座位。然后撤下桌上的白餐巾，敏捷地换上了几块黑色的。

“这是为什么？”我问。

“免得你衣服上沾上棉绒，帕特里克。”

我点了点头，一时不知如何开口。

“你说说看，罗斯和他的咨询团队有什么进展。”

我稍稍挺了挺身子，说：“这次收购是个大手笔。如果我们能达成健全的体系和服务转让协议，妥善运用密钥管理和商誉，保守估计我认为两年内的收益是40%。”

“听起来很诱人。”艾尔摸了摸下巴说。

“但我们还要做一些重要的合法调查。我们确定了两处有待认真分析的地方。这两处都可能是交易杀手，也是我以前见过的虚报价格的地方。如果有人想给我们留一手，很可能在这里。不过，如果事实证明这些数字确实可靠，他们完全值得我们信赖。”

“罗斯已经向我汇报过了，他说这都是你的功劳，他的团队没有注意到这一点，帕特里克完全正确。你帮了我们大忙。给我说说你的真实感受。”

“您知道自己在华尔街上的外号吗，不知道吧？‘巧手艾尔’，这是出于对您才干的尊敬。您是想让我猜？”

“不，不是猜。是真实感受。二者是截然不同的。”

“好吧，从心底里说，这笔业务赚头太大了，不像是真的。我让罗斯将与这两家银行的来往单证给我。我们也许能从中发现一些蛛丝马迹，看谁受到了利诱，看出一些问题。不过，我们关键还是要从这两项保险统计分析入手。据我了解，有家小型保险统计咨询公司在敏感测试中略胜一筹。我认为罗斯想用他们。”

“准赢那边什么情况？”

“没什么动静。我不打算拿语音邮件和卡特在此间捣鬼这事儿做文章了。我早就不在乎了。顾问这份工作目前对我非常合适。再次感谢您。”

“汉娜呢？”

“还是老样子，一切都好。我们时常在一起谈心。我爱她，但我认识到，爱远非如此。她好像仍然心存芥蒂，但她给了我机会。我只能要求这么多。”

“说得不错。哪天我想见见她。”

“她也有这个想法。我们一起努力促成这次见面吧。没准能带来我一直盼望的结果呢。”

“你期盼什么样的结果？”

“这是我们最后一次见面吗？”

“哦，你见够了，是不是？叫停了？”

“我想您更清楚。我还想见，但只是不知道您有多少时间愿意投资。”我实话实说，也承认了自己的担忧。

“这个问题过会儿再说，至于现在，我们好好利用这次见面。公平吧？”

“当然，您要不要谈谈和谐？”我提了出来。

他微微一笑，说：“我是想谈谈。我们探讨的你人生中的五个方面都很重要。帕特里克，第一条和第二条之间并无多大分别。我发现，彰显你优势的强大和均衡取决于坚持不懈。”

“艾尔，您是说这五个方面的一个共性，都取决于一些简单的原则。谢谢您让我明白，这不仅仅是在工作中，工作也不只是挣钱和晋升，而是生活的全面发展，各个方面都要健康。”

“就是这个道理。”他说，“比如说身体健康。保持身体健康有两个目的。你说说看是哪两个？”

“嗯，显然是长寿，这是其一。另一个是心情舒畅和健康。对吧？”

“你答对了。好身体不外乎体重、锻炼和保持这三个部分。体重是摄入对排泄这一简单的计算公式。”

“貌似很简单。”我说。

“那可不。这就是能量和简约。请你记住这一架构，它能让你在日常生活中做出更加有益身体健康的选择。”艾尔说。

“好的，我记住了。”

“简单的分析可以让你理解自己各个方面的生活。财务方面，首先是学会量入为出，而不是挣多少花多少。你必须自己养活自己。这一点做不到的话，说什么都没用。否则，人生的这一方面，你不会成功。我再重申一遍，这就是量入为出。要想管理好财务，处理好支出最为便捷有效。你现在就可以控制自己的开支。提高收入不是一时之功。”

“我能明白，尤其是我得老实承认，虽说我薪水很高，但全给乱花了。”

“超支，即支出超出收入，是美国的个人、家庭、企业，乃至政府面临的一大通病。超支导致债务。而我们的目标是没有负债。负债其实是增加了你购买商品和服务的成本，奴役了你。这里有一道很好的习题，也许对你有所触动。请你列一份债务清单，包括本金和利率。然后相乘得出你应支付的按现行加权平均利率计算出的利息。比方说你有一张额度为 15 000 美元的信用卡，利息为 15%，年利息即 2 250 美元。将你所有债务的利息相加，然后再除以 12 个月，由此得出你使用别人的钱应支付的租金。如果每个月是几百美元，你可别觉得意外。你不妨将每个月的数字填在一张复利图上，看看等到你 55 岁或 60 岁时，以 12% 这一中等净年收益率储蓄或投资的回报。这将是一个大数目，一个很大的数目。可问题是，你打算让自己的钱为谁效劳，'他们'、还是你？看着平时精明的老老少少割开财务的静脉，坐观它一滴滴地流淌，我心疼呐，我实在搞不明白，他们为什么就不能不负债。乘客心理最要不得了。"艾尔突然摇了摇头，"对不起，我扯远了。"

"没有，您用不着道歉。"我佯装扇了自己一耳光，"我需要这些。我每天从事的是金融领域的工作，可我却没有把自己的事管好。"

"帕特里克，你并非绝无仅有。你这样的人不在少数。此外，有朝一日你重回婚姻生活，财产应该是两个人的事。这会是你家庭中的一个争论的焦点。这是一个权力和协商一致的着

力点，抑或是应力点，全在于你自己。”艾尔说。

“这我明白，关于财产，您还有什么说的吗？”

“最后一条，一旦你控制了自己的支出，减少债务，开源节流，手头有了积蓄，你不妨请一位专业理财师。你不可能事事都亲力亲为。在这个复杂的领域里，请别满足于自己那点三脚猫的功夫。”

“有道理。”

“当然有道理了。”他忍俊不禁。

“我真希望有朝一日能像您一样帮助别人，艾尔。”

“你会发现这是件非常令人愉快的事，不过，我鼓励你不要等自己知道了所有的答案再去做。倘若如此，你永远不会有开始。这里说的不仅仅是你，帕特里克，也包括我。请你记住，赠人玫瑰，手留余香。”

我点了点头。我知道，他说得没错。

“我最终发现，一旦我在心理、观点或感情上失去了平衡，我就会过度关注自己。重新将目光转向别人和生活中诸多积极的事物上，让我又回到了常规。四处兜售成功捷径的江湖先生比比皆是。帕特里克，你我都有认识自己、了解自己的机会，可你我都是从一面哈哈镜看自己的优点和短处。只有将之统统抛开，诚实地做个自我评价。然后，一旦确定真正希望改进的地方，我们要发掘，精心地呵护，让它茁壮成长。”

服务生过来给我们收拾了盘子，续了水，上了点心。艾尔点了杯咖啡，我则要了一杯柠檬苏打水。

“凡是分析复杂问题的模式，都有它的不足之处。将生活分为五个部分，实则是表示，较之于真实情况，这些部分自成一体、互不相干。智慧存在于大脑中。因此，你我势必要保护大脑的健康。”

“这我能懂。假设大脑获取了血液和氧气，您怎样将它们转化成智慧？”

“我再重申一遍，不用既废。你经常看书吗？”

“看得不多。”

“我读书是近几年的事儿，不过，我现在一般是同时读一本小说和一本非小说类作品。我还会在脑海中想象与重要人物进行对话。我喜欢探讨一些大问题。”

“您准是很少看电视。”我说。

“有时候看看。但你说的没错，很少。进出大脑的东西，

我有取有舍。”

我笑了。“像个运动员，嗯？”

“进入大脑和进入身体的东西同等重要。”他说，“是的，是有些像做名运动员。如果你一心要在人生的各个方面拔尖，你要用心去听，去看与谁相处，尤其是思考些什么？”

“能问您一个问题吗？”

“当然能。”他说，“请随便问。”

“我们在一起的这段时间内，你教会了我很多。但你又从中得到了什么？”

克拉夫顿想了一会儿。“帕特里克，和你相处的这段时间对我一样重要。直说了吧，我深刻地体会到，此生中，我还能做很多事。”

我忍不住哈哈大笑，说：“怎么会有这种想法？您已经功成名就。您领导着一大企业，您帮助别人，回馈社会……”

“成长的路不止一条，帕特里克。看着你偌大的进步，我也深受鼓舞。我认为自己此生也算是到了巅峰。但现在看来，这是一个我确立新目标的时候。正如你取得了一些成果并不意味着再也没有什么好学的了。我们始终都在学习成长。上帝很慷慨，赋予了我们很大的能力。他要我们充分利用它。”

我看着他。一时不知如何评价他最后一个问题。

“你相信这一点吗？”他问我。

“我也不清楚。我只能这么说，我有许多疑问和担心。”

“大多数人都认识到，生活远不止这些。”克拉夫顿说。“不知你认不认同呢？”

“的确如此。”

“所以我要说，人生没有巧合，一切都是上天的安排好了的，人生在世，理应去实践。”

“这一点是不可否认的。”

“是啊，但和你一般年纪的时候，我就是这种状态。我争强好胜、谁都不服，一直到了40多岁。但后来我才认识到，我的人生并非自己想象的那么狭隘。自始至终都应有一个蓝图。认识到不是事事都非得由我来操心，我松了一口气。这么说吧，我不囿于自己最好的想法。帕特里克，人生的起起落落，考验和磨难，都出于一个目的。最终，你将对世界带来深远的影响。下次有空，我们再详谈。”艾尔笑着，看了一眼手表。“下星期二，7点半，弗雷德餐厅见。”

“太好了。”我说。

“分手之前，我有一件礼物送你。我见你喜欢法式袖扣（French Cuffs：最正式的一种，需要和袖链搭配，适合婚礼或大型会议）。”艾尔从桌对面轻轻地推过来一个黑法兰绒盒子，说，“这是你应得的。”

我接过盒子，缓缓地打开盒盖。只见里面放了两个简洁的袖扣。银质的飞行胸章，精致、小巧。

他的好意让我顿时百感交集。我强忍泪水。望着对面的波士顿港，心里想着他谈论我的人生、命运的一幕幕。我回头去看艾尔，他正别过身，用黑餐巾掸着自己的脸。

致　谢

拉马尔·史密斯（Lamar Smith）

戴维·J·施瓦兹博士（Dr. David J. Schwartz）是我大学时市场营销系的系主任，也是《大思想的神奇》一书的作者。他的著作以及他课堂上的教诲和感染力，让我终生难忘。施瓦兹博士的见解和才智都一一跃然纸上，他是我多年来一直铭记的榜样。他的著作改变了很多人的思维方式，这当中也包括我。

从事商务工作之初，我有幸在茨格·茨格拉（Zig Ziglar）手下工作。甘于奉献的态度和交流技巧是从事商务工作真正的关键。他将这一原则诠释得通俗易懂。

乔治·泰利（George Tally）是前美国海军上将和一家理财公司的CEO，我有幸在他的手下做了七年经理。乔治谆谆的教诲，让我受益良多。对他乐天的信念，我也深表感谢。

SWAT团队的约翰·奥特（John Ott）、普雷斯顿·吉尔罕（Preston Gillham）等人睿智、热心。他们不仅活出了自己，还帮助别人这样生活。

比尔·克拉夫森（Bill Kraftson）是一位谁都愿意与之相交的知心朋友。感谢他让我感知他的严慈，经他巧妙地点拨我，获知了他渊博的知识以及他对人生意义的执着等。

写书有苦有乐。有好几位帮我减轻痛苦，增加了快乐。这当中首推执笔人泰宓·科林（Tammy Kling）女士。“引导，不要说教，以少胜多；留给读者一份空间；以此为乐”都是她给我的重要启示。但愿有一天我能做到。

感谢普雷斯顿·吉尔罕、凯文·顿（Kevin Dunn）和珍妮特·克拉夫森（Janet Kraftson）这几位朋友，他提供的理念和手稿，让本书更加丰满、完美。

我们的编辑诺克斯·休士顿（Knox Huston）和 McGraw-Hill 的这支团队绝对高效、专业，使得这段旅程成了一种享受。诺克斯，您是位集周到、睿智和文雅于一身的人。

最后，我要特别感谢我人生中的几位女士，我的妻子简（Jan）和女儿梅格·简（Meg. Jan），是你们为我做了表率。对你们的爱和支持，我终身感激。还有你，梅格，你的输入非常专业。你敏锐的头脑和个人价值，再加上你对本书和人们的爱，都让人耳目一新、深受启发。

致　谢

泰宓·科林（Tammy Kling）

写一本书，常常是一场心灵大战。你要研究自己的方方面面，从中发现正确的含义，一旦有失偏颇，你又得从头再来。总之，你要为读者着想。我要感谢你们，读者。我们在考虑您和反映办公室生活的这一书书名的过程中，值得一提的是，我们始终考虑到每一个职业的价值和高尚，无论是顾问、艺术家、公交车司机，抑或是向角落办公室奋斗的总经理。我要感谢这一征程中的每一个人，本书与其说探讨的是我们选择的办公室、格子间、公司，倒不如说是我们人生旅程。我还要感谢里德（Reed）、卢克（Luke）和马克（Mark），是你们支持我夜以继日地创作，我才得以将灵感和人生财富付诸于文字。我要再次感谢 McGraw-Hill 出色的团队，尤其是认可本书要义的诺克斯·休士顿。

作者简介

拉马尔·史密斯（Lamar Smith）曾是一位功勋卓著的美国空军飞行员。退役后，拉马尔步入了理财行业，担任顾问，七年以后，他成了自己公司的总经理。不久又被任命为CEO。这一职位，他一坐就是15年，公司成长发展期间，他的客户高达300 000，管理着180亿美元的投资额、520亿美元的人寿保险和一家成功的银行。2007年，拉马尔从企业总裁的位子上退了下来，目前活跃在各类企业和非营利机构的董事会中。

泰宓·科林（Tammy Kling）是一位国际畅销书作者，著作畅销国内外，《纽约时报》和《华尔街日报》都曾对她做过报道。她与代尔公司（Dial Corporation）和箭牌（Wrigley）等大企业和CEO合写过多部著作。泰宓有过危机管理背景，担任过空难工作小组领队，并据这段经历出了她的第二本书《紧急出口座》。泰宓曾在杰拉尔多（Geraldo：西方家喻户晓的电视新闻记者）主持的全国广播公司（Dateline NBC）《电讯电头》等全国性的节目中推介过自己的作品。她带着用文字改变生活的愿望在创作。

图书在版编目（CIP）数据

你的人生只有工作吗？ / （美）史密斯（Smith, L.），（美）科林（Kling, T.）著 ; 王国平译. -- 北京 : 人民邮电出版社，2014.6

ISBN 978-7-115-31144-3

Ⅰ. ①你… Ⅱ. ①史… ②科… ③王… Ⅲ. ①人生哲学—通俗读物 Ⅳ. ①B821-49

中国版本图书馆CIP数据核字(2014)第074814号

◆ 著　[美] 拉马尔・史密斯（Lamar Smith）
　　泰宓・科林（Tammy Kling）

译　王国平

责任编辑　孔　希

责任印制　周昇亮

◆ 人民邮电出版社出版发行　北京市丰台区成寿寺路 11 号

邮编　100164　电子邮件　315@ptpress.com.cn

网址　http://www.ptpress.com.cn

北京隆昌伟业印刷有限公司印刷

◆ 开本：880×1230　1/32

印张：4.5　2014 年 6 月第 1 版

字数：68 千字　2014 年 6 月北京第 1 次印刷

著作权合同登记号　图字：01-2012-8547 号

定价：22.80 元

读者服务热线：(010)81055296　印装质量热线：(010)81055316

反盗版热线：(010)81055315

广告经营许可证：京崇工商广字第 0021 号